火电厂厂界环保岛技术

百问百答系列丛书

烟气脱硫分册

华电电力科学研究院有限公司　编著

中国电力出版社
CHINA ELECTRIC POWER PRESS

内 容 提 要

本书为《火电厂"厂界环保岛"技术百问百答系列丛书》中的烟气脱硫分册。本书从各类烟气脱硫技术基础知识、烟气脱硫工程的设计与建设、烟气脱硫系统的运行与维护、烟气脱硫系统技术服务工作等方面入手，精选长期困扰现场管理人员、运行人员、检修人员的 100 个疑难问题，深入剖析、精心作答，解决脱硫设施相关技术人员实际工作中的困惑，指导脱硫相关技术人员现场运行，保障脱硫设施安全、高效、稳定运行。

本书适合火电厂从事脱硫相关工作的管理人员、技术人员、运维人员阅读使用，也可供从事火电厂脱硫相关技术的研究人员、工程技术人员参考。

图书在版编目（CIP）数据

火电厂"厂界环保岛"技术百问百答系列丛书. 烟气脱硫分册/华电电力科学研究院有限公司编著. —北京：中国电力出版社，2019.12
ISBN 978-7-5198-4138-6

Ⅰ. ①火… Ⅱ. ①华… Ⅲ. ①火电厂–污染防治–问题解答②烟气脱硫–问题解答 Ⅳ. ①X773–44②X701–44

中国版本图书馆 CIP 数据核字（2020）第 011783 号

出版发行：中国电力出版社
地　　址：北京市东城区北京站西街 19 号（邮政编码 100005）
网　　址：http://www.cepp.sgcc.com.cn
责任编辑：赵鸣志（010-63412385）　马雪倩
责任校对：黄　蓓　马　宁
装帧设计：赵姗姗
责任印制：吴　迪

印　　刷：三河市航远印刷有限公司
版　　次：2019 年 12 月第一版
印　　次：2019 年 12 月北京第一次印刷
开　　本：880 毫米×1230 毫米 32 开本
印　　张：4.5
字　　数：113 千字
印　　数：0001—2000 册
定　　价：30.00 元

前　言

　　我国的能源结构决定火力发电是电力供应的主要来源，且在相当长时间内不会改变，而由此导致的污染问题日益受到广泛重视。火电厂长期以来一直是我国环保工作的主力军，从早期的大规模除尘改造、"十一五"大规模脱硫改造、"十二五"大规模脱硝改造、当前"十三五"大规模烟气超低排放改造，到近年来国家发布的"水十条"、部分地方政府要求的"废水零排放"，再到当前提出的煤场封闭、噪声控制、固废处理、"烟气消白"等多重政策性要求，各类环保技术层出不穷、逐步叠加，火电厂环保技术路线越来越繁杂，环保工作涉及面越来越广、环保设施越来越多，对从事火电厂环保工作的专业人员的技术水平与运维能力要求也越来越高。

　　在上述背景形势下，华电电力科学研究院有限公司（以下简称"华电电科院"）在行业内首次提出"厂界环保岛"理念，即以厂界为限，从全局性的视角系统化看待火电厂水、气、声、渣污染所涉及的常规污染物与新型污染物，通过"源头控制、末端治理、协同脱除、系统集成、过程管理"的全方位、全流程管控方式，实现火电厂环保设施的优化、高效、节能、可靠建设与运维，从而有效提升火电厂生产运营的环保效益与经济效益。

　　华电电科院是中国华电集团有限公司下属专门从事火力发电、水电及新能源发电、煤炭检验检测及清洁高效利用、质量标准咨询及检验检测、分布式能源等技术研究与技术服务的专业机构。华电电科院环保技术团队自 2009 年以来，在火电厂"厂界环保岛"技术研究以及相关技术服务方面开展了大量工作，积累了大量"厂界环保岛"技术应用的一手资料与实践经验，相关研究成果得到了广泛应用并取得了一系列荣誉与褒奖。

针对当前火电厂"厂界环保岛"技术应用现状与从事相关专业工作人员的技术能力提升需求，华电电科院特成立编著委员会，以实践为基础、以问题为导向，对近年来在火电厂"厂界环保岛"技术应用研究与实践过程中形成的经验与成果进行了全面的梳理与总结，结合前期开展的大量调研工作，组织编写了本套《火电厂"厂界环保岛"技术百问百答系列丛书》。本套丛书根据当前火电厂"厂界环保岛"主要环保设施分别设置了烟气脱硫、SCR 烟气脱硝、烟气除尘、废水综合利用等分册，每个分册分别设置了技术基础知识、工程建设、运行维护、技术服务等章节，对环保从业人员普遍面临和关注的问题进行了系统性分析和解答，同时对华电电科院环保技术团队近年来的研究成果进行了展示，具有较强的实用性和可操作性，可供工程技术人员、管理人员、运维人员及相关专业人员后续开展相关工作借鉴与参考。

在本套丛书编写过程中，得到了有关领导及专家的支持与指导，在此一并致谢。限于作者水平和编写时间，书中存在疏漏或不当之处在所难免，欢迎各位同行及专家不吝赐教、进一步探讨。

朱 跃

2019 年 7 月

目 录

第三章 烟气脱硫系统的运行与维护 ································ 85

烟气脱硫技术基础知识

第1节 "石灰石-石膏"法脱硫技术基础知识

1. 烟气脱硫技术主要类别包括哪些?

答：脱硫技术研究始于 20 世纪前叶，国内外开发的各种脱硫技术达 200 种左右，但投入到实际运行的技术仅有十几种。现有主流的脱硫技术可分为三大类，即燃烧前脱硫、燃烧中脱硫、燃烧后脱硫。燃烧后脱硫又称为烟气脱硫技术（FGD），按照技术特点基本可分为干法、半干法和湿法三大类。

（1）干法烟气脱硫技术：直接向炉膛或尾部烟道喷射钙基脱硫剂，吸收剂与脱硫产物均以干态形式存在，主要代表技术为炉内喷钙技术。

（2）半干法烟气脱硫技术：吸收剂浆液［主要为 $Ca(OH)_2$］喷入烟气脱硫，脱硫产物（亚硫酸钙）以干态形式排出系统（即脱硫剂为湿态，脱硫产物为干态），主要代表技术有烟气循环流化床脱硫技术（CFB-FGD）。

（3）湿法烟气脱硫技术：以吸收剂溶液洗涤烟气脱硫，脱硫剂与脱硫产物均以湿态形式存在，主要代表技术有"石灰石-石膏"法、氨法、海水法等。

常见烟气脱硫技术主要特点对比见表 1-1。

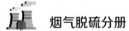

表 1-1 常见烟气脱硫技术主要特点对比

项目	炉内喷钙法	烟气循环流化床法	石灰石-石膏法	氨法	海水法
吸收剂	钙基脱硫剂（主要采用石灰石 $CaCO_3$）	石灰乳 $Ca(OH)_2$	石灰石 $CaCO_3$	氨水 NH_3	海水
脱硫效率	较高，一般在80%左右	高，一般在90%左右	高，现有技术可达到99%以上	高，一般在97%左右	高，一般在95%左右
系统复杂程度及占地面积	主要设置吸收剂粉仓及送粉管路等，系统简单，运行便捷，占地面积小	主要设置吸收剂粉仓及流化床反应塔等，运行时需控制反应温度确保脱硫效率，系统较为复杂，占地面积中等	主要设置吸收剂制备系统、吸收塔、脱水系统，运行时需控制吸收塔液位、pH值、浆液密度等参数，设备系统复杂，占地面积大	主要设置吸收剂储罐、洗涤塔、硫酸铵结晶系统，运行时需控制pH值、循环槽液位等参数，设备系统较为复杂，占地面积中等	主要设置吸收塔、供排海水系统、海水恢复系统等，设备系统简单，占地面积中等
运行费用	低	中等	高	高	低
主要缺点	受限于锅炉形式，现有业绩主要针对循环流化床锅炉，一般无法满足超低排放要求，需和别的烟气脱硫技术工艺结合使用	运行床压控制困难，出口 SO_2 波动较大，一般无法满足超低排放要求，需和别的烟气脱硫技术工艺结合使用	设备系统复杂，易发生堵塞和磨损，运行成本高	氨易挥发使吸收剂消耗量增加，产生二次污染。运行成本高、易腐蚀、烟气中含有气溶胶难以去除	受地理位置限制仅适海边电厂、设备易腐蚀

2.“石灰石-石膏”法烟气脱硫工艺基本原理是什么?

答:“石灰石-石膏”湿法烟气脱硫工艺基本原理是采用石灰石作为脱硫剂，将石灰石磨粉制浆后喷入吸收塔，与烟气中的 SO_2 发生中和反应实现烟气脱硫。吸收过程中反应产物为硫酸钙和亚硫酸钙，再通过氧化风机鼓入空气将亚硫酸钙强制氧化为硫酸钙，之后硫酸钙经结晶、脱水生成副产物石膏。

"石灰石-石膏"湿法烟气脱硫核心是吸收传质过程，脱硫反应过程在气、液、固三相中进行，发生"气-液"反应和"液-固"反应，脱硫反应过程主要包括气相 SO_2 被液相吸收、吸收剂溶解、中和反应、氧化反应和结晶析出等五个过程，其反应机理如下所示：

（1）气相 SO_2 被液相吸收：

$$SO_2(g)+H_2O \leftrightarrow H_2SO_3(l)$$

$$H_2SO_3(l) \leftrightarrow H^+ + HSO_3^-$$

$$HSO_3^- \leftrightarrow H^+ + SO_3^{2-}$$

（2）吸收剂溶解：

$$CaCO_3(s) \leftrightarrow CaCO_3(l)$$

（3）中和反应：

$$CaCO_3(l)+H^+ + HSO_3^- \rightarrow Ca^{2+} + SO_3^{2-} + H_2O + CO_2(g)$$

$$SO_3^{2-} + H^+ \rightarrow HSO_3^-$$

（4）氧化反应：

$$SO_3^{2-} + \frac{1}{2}O_2 \rightarrow SO_4^{2-}$$

$$HSO_3^- + \frac{1}{2}O_2 \rightarrow SO_4^{2-}$$

（5）结晶析出：

$$Ca^{2+} + SO_3^{2-} + \frac{1}{2}H_2O \rightarrow CaSO_3 \cdot \frac{1}{2}H_2O$$

$$Ca^{2+} + SO_4^{2-} + 2H_2O \rightarrow CaSO_4 \cdot 2H_2O(s)$$

3."石灰石-石膏"法烟气脱硫工艺主要技术流派包括哪些？

答："石灰石-石膏"法烟气脱硫工艺按照吸收塔的类型及

布置可以分为单回路喷淋塔（单塔单循环）、双回路喷淋塔（单塔双循环）、串联吸收塔（双塔双循环）、液柱塔、鼓泡塔等。

（1）单回路喷淋塔（单塔单循环）是现有烟气脱硫占有份额最高的技术流派。玛苏莱（MASULEX）、比晓夫、巴威（B&W）、斯坦米勒、阿尔斯通、AEE、石川岛播磨（IHI）、旋汇耦合等都是典型的单回路喷淋塔技术。

其中玛苏莱、比晓夫、巴威（B&W）、旋汇耦合技术的单回路喷淋塔在国内占有绝大部分的市场。

玛苏莱技术主要特点为：① 吸收塔内烟气高流速运行，高烟气流速加强气液传质，降低喷淋量，一般在 3.8m/s 以上；② 设置吸收塔液体再分配装置（ALRD 环）。每层喷淋层下部吸收塔壁设置吸收塔液体再分配装置（ALRD 环），提高气液分配效率，改善塔内烟气分布的均匀性，大大减少逃逸烟气，同时该装置具有浆液汇聚功能，改善了塔壁区域的传质状况。

比晓夫技术主要特点为：① 应用池分离器技术，在浆池区设置分区调节器，将浆池形成上下两个不同 pH 值的浆池区，下部高 pH 值浆液用来吸收 SO_2，上部低 pH 值浆液用来氧化结晶，可以分别为氧化和结晶提供最佳反应条件，有利于石灰石的溶解，提高系统脱除效率；② 应用脉冲悬浮系统，通过应用脉冲悬浮系统替代传统浆液搅拌器，在搅拌均匀的同时节省能源。

巴威（B&W）技术主要特点为：在塔内设置合金托盘。在吸收塔入口和最下层喷淋层之间设置合金托盘，提高吸收塔内流场均匀度，增加液固接触机会，减少浆液循环泵的投运数量，保证脱硫效率。

旋汇耦合技术主要特点为：塔内设置旋汇耦合器，基于多相紊流掺混的强传质机理，通过旋汇耦合器产生气液旋转翻覆湍流空间，在旋汇耦合器上方的湍流空间内气液固三相充分接触，增强气液膜传质、提高传质速率，进而提高脱硫接触反应效率。

（2）双回路喷淋塔技术在吸收塔中循环回路分为下循环和上循环两个回路，两个回路中的反应在不同的 pH 值环境下进行，下循环脱硫区（氧化）pH 值在 4.0～5.0 之间；上循环脱硫区（吸收）pH 值在 6.0 左右。通过 pH 值分区实现二氧化硫吸收和石膏氧化结晶的最佳环境。

（3）双塔双循环技术通过设置两座吸收塔，一级吸收塔脱硫效率 80%～90%，控制一级吸收塔出口 SO_2 浓度到 500～700mg/m³，再利用脱硫效率约 95% 的二级吸收塔控制 SO_2 排放浓度至 35mg/m³ 以下。其运行理念与单塔双循环一样，两座吸收塔按照不同 pH 值运行，一级塔侧重氧化，二级塔侧重吸收，可以分别强化吸收和氧化结晶过程，从而取得更高的脱硫效率和石膏品质。

（4）液柱塔技术：液柱塔浆液从下往上喷射，形成树状的液柱，液柱在上升与下落过程中重复接触烟气，完成吸收反应，喷射层为单层设置。

（5）鼓泡塔技术：不设喷淋层，设置时将大量烟气管插入浆液中，内部件多，结构较复杂，系统阻力大，但除尘性能要高于一般喷淋塔。

4.“石灰石－石膏”法烟气脱硫工艺的关键技术参数有哪些？

答：“石灰石－石膏”法烟气脱硫工艺关键技术参数主要包括：烟气流速、液气比、浆液 pH 值、钙硫比、停留时间、浆液 Cl^- 浓度等。

（1）烟气流速：烟气流速指吸收塔内的烟气流速。烟气流速主要影响吸收塔脱硫效率、出口雾滴含量、吸收塔压力损失等。提高吸收塔内烟气流速，可增加气液传质动力、提升吸收塔整体脱硫效率。但流速过高会增加吸收塔内压力损失，同时还会降低吸收塔上部除尘除雾装置的除雾效率。按照超低排放脱硫协同除尘要求设计时，吸收塔烟气流速一般取 3.5m/s 左右为宜。

（2）液气比：液气比指与流经吸收塔单位体积烟气量相对应的浆液喷淋量，此参数反映吸收过程推动力和吸收效率的大小，对 FGD 系统的技术性能和经济性具有重要影响。液气比直接决定了循环泵的数量和容量，也决定了浆池的容积大小，对脱硫效果、系统阻力、设备投资和运行能耗有很大影响。

（3）浆液 pH 值：浆液 pH 值指在吸收塔浆池区内浆液 pH 值。一般作为提高脱硫效率的细调节手段。pH 值较低时有利于石灰石的溶解，但不利于 SO_2 的吸收。反之，提高 pH 值，可以提高脱硫效率，但由于石灰石的溶解变慢，会增加石灰石的耗量，使浆液中残余的石灰石增多。以单塔单循环脱硫工艺为例，吸收塔最佳 pH 值控制在 5.2～5.8 为宜。

（4）钙硫比：钙硫比指吸收剂量与吸收 SO_2 量的摩尔比，反映单位时间内吸收剂原料的供给量，通常以浆液中吸收剂浓度作为衡量度量。一般钙硫比在 1.02～1.05 之间。

（5）停留时间：停留时间指液体与烟气在吸收塔中的接触时间，分为液气接触时间和在液体内的接触时间。液气接触时间指烟气在液气混合区接触的时间，是吸收 SO_2 的时间，决定 SO_2 的去除率；在液体内的接触时间指 SO_2 被吸收后融入吸收液与吸收液反应产生最终产品被排出吸收塔的时间，影响氧化率和石膏结晶过程。停留时间长有助于 SO_2 的吸收以及生产优质的脱硫石膏。

（6）浆液 Cl^- 浓度：高 Cl^- 浓度将会造成浆液中毒，增加石膏等固体副产物的脱水难度，并可能对设备造成腐蚀。浆液 Cl^- 浓度一般控制在 20000μg/g 以下。

5. "石灰石–石膏"法烟气脱硫工艺包括哪些主要系统？

答："石灰石–石膏"法烟气脱硫工艺主要包括吸收塔系统、

烟气系统、还原剂制备系统、石膏脱水系统、工艺水和工业水系统、排空系统、废水处理系统等。

（1）吸收塔系统是 FGD 系统的核心部分，其主要作用是吸收烟气中的 SO_2 并产生石膏晶体。其主要组成部分是循环泵及喷淋层、氧化空气系统、浆液搅拌系统、除尘除雾装置及其冲洗水系统等。吸收塔内石灰石浆液与烟气逆流接触，吸收烟气中的 SO_2，在吸收塔循环浆池中利用氧化空气将亚硫酸钙氧化成硫酸钙，而洁净的烟气通过除尘除雾装置，去除浆液滴后，通过烟囱排入大气。

（2）烟气系统主要功能是将锅炉原烟气引入吸收塔，烟气在吸收塔内脱硫净化，经除尘除雾装置除去浆液滴后，引入烟囱排放。

（3）还原剂制备系统主要功能是将磨制或者采购的石灰石粉配置成合格的石灰石浆液，通过石灰石供浆系统送至吸收塔内部，用于 SO_2 的吸收。

（4）石膏脱水系统一般有初级旋流器浓缩脱水（一级脱水）和真空皮带脱水（二级脱水）两级组成。石膏浆液排出泵将吸收塔内浓度约为 12% 的石膏浆液送至高效旋流分离器，浓缩至浓度约 50% 的石膏浆液，再经过真空皮带脱水机进一步脱水形成含水10% 的最终产物石膏。

（5）工艺水系统负责提供 FGD 足够的水量，补充系统运行期间水的散失，以保证 FGD 系统的正常功能，主要有除雾器冲洗水、磨机补充水、石灰石浆液箱补充水、仪表冲洗水、管路冲洗水、泵的密封水等；工业水系统主要用于各类设备的冷却水、转动机械的冷却及机封水等。

（6）排空系统主要包括事故浆液箱、事故浆液输送泵、吸收塔地坑、收集沟等。其主要作用为吸收塔因故障检修等原因将吸收塔内浆液临时排出吸收塔，将吸收塔因故障检修产生的塔内浆

7

液临时排出。

（7）废水处理系统主要是处理 FGD 在运行中产生的废水，降解废水中的重金属、氟化物、Cl⁻等通过物理、化学等方法，最终达到达标排放的系统。

"石灰石-石膏"法烟气脱硫工艺主要系统及流程图如图1-1所示。

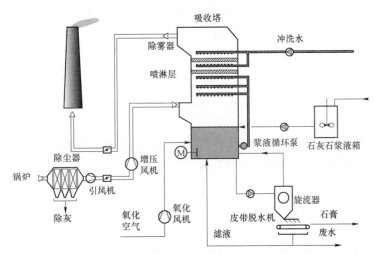

图1-1 "石灰石-石膏"法烟气脱硫工艺主要系统及流程图

6. 湿法脱硫中除尘除雾装置的种类有哪些?

答：湿法脱硫中早期使用的除尘除雾装置主要形式包括屋脊式除雾器、平板式除雾器、管式除雾器以及它们相互组合形式，此类除雾器结构简单（一般采用二级配置）且除雾效果差，在超低排放改造以后已基本被高效除尘除雾装置所替代。

超低排放改造以后，湿法脱硫除尘除雾装置作为大部分燃煤电厂中烟囱前粉尘脱除的最后屏障，基本已更换为高效除尘除雾装置。现有的高效除尘除雾装置主要包括高效三级屋脊式除雾器、管束式除尘除雾装置、冷凝式除尘除雾装置和声波团聚式除尘除雾装置等。

（1）高效三级屋脊式除雾器通常布置在吸收塔内或净烟气烟道内，主要依靠重力和惯性力作用实现烟气中雾滴、颗粒物等物质的脱除。烟气以一定速度进入除雾器通道，粒径较大的雾滴、颗粒物等物质经过撞击后被捕集到除雾器叶片表面，最后在重力和冲洗水作用下，实现雾滴、颗粒物等物质的脱除。除雾器内部结构如图 1-2 所示。高效三级屋脊式除雾器外观结构图如图 1-3 所示。

图 1-2　除雾器内部结构图

（2）管束式除尘除雾装置主要依靠离心力、惯性力以及重力作用，实现烟气中雾滴、颗粒物等物质的分离。烟气进入管束单元后，在分离器的作用下，烟气产生高速离心运动，在离心力和惯性力作用下，不同粒径的雾滴、颗粒物相互混合、团聚，形成粒径较大的颗粒撞击到筒体内壁，实现分离。管束单元结构及外观图如图1-4所示。

图1-3 高效三级屋脊式除雾器外观结构图

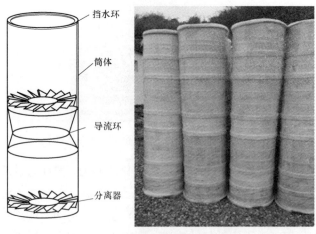

挡水环

筒体

导流环

分离器

图1-4 管束单元结构及外观图

（3）冷凝式除尘除雾装置是在传统机械除尘除雾装置基础上衍生的一种新型除雾器。冷凝式除尘除雾装置由高效除雾器、冷凝湿膜离心分离器以及超精细除雾器、冲洗系统和循环水冷却系统、控制系统组成。其中高效除雾器包括管式预分离器和两层屋脊式分离器，超精细除雾器由孔钩波纹板式除雾器组成。通过喷淋层后的饱和湿烟气进入冷凝式除尘除雾装置。经过冷凝湿膜层的烟气冷却降温，析出冷凝水汽，水汽主动以细微颗粒物和残余雾滴为凝结核，细微颗粒物和残余雾滴长大，长大的颗粒物和雾滴撞击在波纹板上被水膜湮灭从而被拦截。冷凝式除尘除雾装置塔内和塔外装置示意图如图1-5所示。

图1-5　冷凝式除尘除雾装置塔内和塔外装置示意图

（4）声波团聚式除尘除雾装置是以声波对雾滴、颗粒物等物质团聚作用为机理发展而来的一种新型高效除雾器，主要由喷雾装置、声波发生装置、管束式除雾器组成。通常安装于脱硫装置出口烟道或吸收塔内部。烟气中颗粒物通过喷雾装置后，形成种子雾滴。携带颗粒物的种子雾滴在声波的作用下，促进超细颗粒物的团聚、长大，在除雾器内部通过螺旋分离装置的螺旋绕片，大量细小液滴与颗粒在高速离心运动条件下碰撞概率进一步增大，凝聚成为大液滴，液滴被抛向筒体内壁表面，进而实现烟尘脱除。声波团聚除雾器机理如图 1-6 所示。

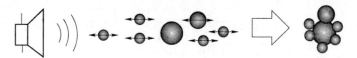

图 1-6　声波团聚除雾器机理图

7. 除尘除雾装置性能的评价指标和影响因素有哪些?

答: 除尘除雾装置主要有出口雾滴含量和压力损失这两个性能评价指标,影响因素主要有烟气流速、流场分布和安装高度。

(1) 出口雾滴含量。早期对湿法脱硫吸收塔协同洗尘效率要求较低, 通常除尘除雾装置后烟气中雾滴含量按照不高于 75mg/m³(标态、干基、6%O_2, 下同)设计。对于超低排放改造而言,考虑到烟尘超低排放限值的要求,并结合实际工程自身特点,在不考虑脱硫出口进一步增设烟气净化装置(如湿式静电除尘器)情况下,通常除尘除雾装置后雾滴含量按照不高于 30mg/m³ 设计。

(2) 压力损失。除尘除雾装置压力损失越大,烟气系统能耗越高,在满足出口雾滴含量要求的原则性前提下,除尘除雾装置压力损失越低越好。除尘除雾装置压力损失大小主要与烟气流速、除尘除雾装置的结构及烟气带水负荷等因素有关。通常在除尘除雾装置运行良好条件下,管束式除尘除雾装置和冷凝湿除尘除雾装置压力损失要高于传统机械除尘除雾装置。而实际上由于流场不稳定等原因,很难做到塔内除尘除雾装置压力损失准确测量。因此一般情况下,塔内除尘除雾装置压力损失变化可以依靠 DCS 在线监测方式获取,作为运行人员的参考。

(3) 烟气流速。脱硫装置设计推荐的烟气流速在 3～4m/s。一般来说,国外脱硫装置设计流速都在 3.5m/s 左右,而国内脱硫装置设计流速普遍偏高,基本在 3.8m/s 以上,甚至有的脱硫装置为了减少占地面积和投资，将脱硫装置的流速设计在 4m/s 以上。

提高烟气流速，虽然强化了传质，使脱硫效果保持在一个较高的水平，但同时导致随烟气携带的浆液量大大增多。在除尘除雾装置性能较低情况下，粉尘无法被有效拦截，甚至会造成粉尘浓度经过脱硫后不降反升的现象。

（4）流场分布。吸收塔内的流场的均匀度直接影响除尘除雾装置各部位的除雾效果。单位区域的烟气量越高，则单位区域的除尘除雾装置负荷就越高；当局部区域的烟气量超过了除尘除雾装置本身的处理量时，大量的雾滴将直接穿过除尘除雾装置，以致除尘除雾装置大幅下降。此时过多的浆液无法处理，大量堆积于除尘除雾装置的内部，造成堵塞现象，并随之蔓延至整个除尘除雾装置界面，甚至令除尘除雾装置失效。

（5）安装高度。除尘除雾装置的安装高度直接影响该装置的性能，一般认为除尘除雾装置下部应与最顶层喷淋层保证一定的距离，利于发挥重力沉降的作用，降低烟气带至除尘除雾装置的浆液量。同时，除尘除雾装置上部与吸收塔顶部应留出足够距离，确保除尘除雾装置后的流场均匀，不会因为距离顶部烟道过近，导致流场紊乱影响除尘除雾装置效果。

8. 湿法脱硫系统制浆方式包括哪几类？

答：湿法脱硫系统制浆方式主要分为湿式石灰石浆液系统制浆、干式石灰石浆液系统制浆及石灰石粉浆液制备系统制浆。

（1）湿式石灰石浆液系统制浆是指通过向湿式球磨机中加入按照一定比例混合的石灰石与工艺水，将其磨制成粒经不大于 63μm（250 目筛网通过率大于 90%）、含固量约为 30% 的石灰石浆液的制浆方式。

石灰石在湿式球磨机中被磨制成细颗粒，与工艺水混合形成石灰石浆液后自流至浆液再循环箱，然后由浆液再循环泵吸至旋流分离器进行分离。旋流分离器底流含有大量粒径未达标的石灰石颗粒，这些石灰石颗粒通过旋流分离器底部管路再循环至湿式球磨机入口再次进行磨制，而在旋流器顶层的粒度达标的石灰石浆液将会溢流进入石灰石浆液箱中储存待用。

石灰石浆液箱中的石灰石浆液再由石灰石浆液泵送至吸收塔内部。

（2）干式石灰石浆液系统制浆是指采用干式球磨机将石灰石磨制成合格的石灰石粉，再通过将石灰石粉与工艺水混合制成浆液的制浆方式。

储存于石灰石筒仓内的石灰石，经称重皮带给料机送入干式球磨机内研磨，磨制成石灰石粉后用斗式提升机送至选粉机进行分离，粒径未达标的石灰石从选粉机底部自流至返料螺旋输送机入口，输送至干式球磨机入料口进行再次研磨，而符合粒径要求的石灰石粉则被压缩空气携带走，由袋式收尘器收集后，通过气力输送系统送至石灰石粉仓储存；储仓中石灰石粉再通过罐车运至吸收区。

成品石灰石粉按比例与工艺水混合制成石灰石浆液送至吸收塔内部。

（3）石灰石粉浆液制备系统是指通过直接采购成品石灰石粉，以气力输送方式送入石灰石粉仓，再通过电动旋转给料阀送至石灰石浆液池，按比例与工艺水混合制成石灰石浆液，最后通过石灰石供浆系统送至吸收塔内部。

9. 湿法脱硫系统脱水设备包括哪几类？

答：脱水系统的主要功能是将吸收塔内吸收 SO_2 生成的石膏浆液脱水成含水量小于 10% 的石膏，一般由石膏水力旋流器（一级脱水）和脱水机（二级脱水）及附属设备等组成。

（1）一级脱水主要采用水力旋流器。水力旋流器主要由进液分配器、旋流子、上部溢流浆液箱及底部浆液分配器组成。旋流子利用离心原理，浆液以切向进入水力旋流器内，在离心力的作用下，大颗粒和细微颗粒得以分离。浆液被分成两部分，含固量高的底流进入二级脱水，含固量低的浆液溢流返回吸收塔或进入废水处理系统。

（2）二级脱水一般采用真空皮带脱水机和圆盘脱水机。

1）真空皮带脱水机由橡胶带、滤布、真空槽、进料斗、调偏装置、驱动装置、滤布洗涤装置、机架等部件组成。在真空的作用下，滤液穿过滤布经橡胶带上的横沟槽汇总并由小孔进入真空室，石膏浆液吸附水分后形成滤饼，进入真空室的液体经气水分离器排出。真空皮带脱水机如图1-7所示。

图1-7　真空皮带脱水机

2）圆盘脱水机主要由辊筒系统、搅拌系统、真空系统、滤液排放系统、刮料系统、反冲洗系统、清洗系统、浆液槽冲洗系统、控制系统、槽体和机架组成。在真空泵负压作用下，浸没在石膏浆液中的圆盘吸附石膏浆液，吸附在圆盘表面的滤饼被干燥，滤液吸入分离罐中排放掉。圆盘转过刮刀时滤饼被刮除落入石膏库，反冲洗水经过清洗管路、分配头打入圆盘，清洗圆盘表

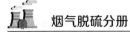

面，保持圆盘的清洁度。圆盘脱水机如图1-8所示。

图1-8　圆盘脱水机

10. 矛枪式和管网式氧化风系统的各自特点是什么?

答: 矛枪式氧化风系统由搅拌器和空气喷枪组成,搅拌器产生的高速液流使鼓入的氧化空气分裂成细小的气泡,并散布至氧化区的各处。由于产生的气泡较小,由搅拌产生的水平运动的液流增加了气泡的滞留时间,因此对浸没深度的依赖性降低。由于矛枪式氧化风系统喷气管口径较大,氧化空气流量可无限调低,喷气管不会堵塞。矛枪式氧化风系统如图1-9所示。

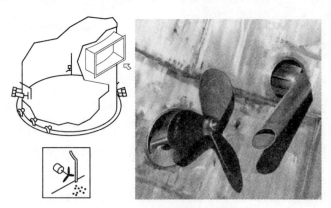

图1-9　矛枪式氧化风系统

管网式氧化风系统是指在氧化区底部的断面上均匀分布若干根氧化空气母管。母管上设众多支管，喷气喷嘴均布在整个断面上（3.5 个/m² 左右），通过固定管网将氧化空气分散鼓入氧化区，氧化空气分布均匀性受搅拌系统的影响较小。管网式氧化风系统如图 1 - 10 所示。

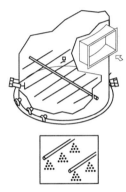

图 1 - 10　管网式氧化风系统示意图

11. 脉冲搅拌系统与机械搅拌器的各自特点是什么？

答：脉冲搅拌系统由脉冲悬浮泵和脉冲悬浮管组成，用脉冲悬浮泵从罐体抽出浆液，经布置在罐中的脉冲悬浮管喷向罐底，以达到搅拌的目的。脉冲搅拌系统无机械传动部件，不存在传统机械搅拌器因桨叶出现故障而需停机排浆检修的问题，并且能够长时间停运，可以有效降低 FGD 备用时的电耗，但其造价一般高于机械搅拌器。脉冲搅拌泵及塔内塔内管道如图 1 - 11 所示。

机械搅拌器一般指顶进式搅拌器和侧进式搅拌器，顶进式搅拌器采用浆罐、地坑顶部安装方式，侧进式搅拌器采用浆罐外壁安装方式。搅拌器系统由桨叶、轮毂、搅拌轴、机械密封、减速机和电动机组成。搅拌器所有过流部件均采用耐腐蚀的不锈钢和合金制作，适用于高浓度氯离子介质；所有叶片均可拆卸，适用于腐蚀、耐磨工况要求。机械搅拌器如图 1 – 12 所示。

图 1 – 11　脉冲搅拌泵及塔内塔内管道

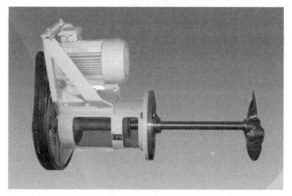

图 1 – 12　机械搅拌器

12. 湿法脱硫烟气再热器（GGH）有几种形式？

答： 湿法脱硫系统常用的 GGH 主要包括回转式 GGH、管式 GGH 和水媒式换热器 MGGH。其中回转式 GGH 和管式 GGH 为气 – 气换热器，水媒式换热器 MGGH 为水 – 气换热器。

（1）回转式 GGH 大量应用在 300MW 以上及部分 200MW 的机组上，其结构紧凑，烟气处理量大，但漏风率比较高，在现今超低排放施行后回转式 GGH 基本都已拆除。回转式 GGH 结构图如图 1 – 13 所示。

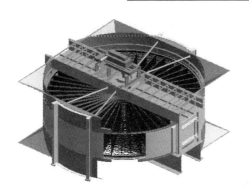

图 1-13　回转式 GGH 结构图

（2）管式 GGH 通常用在 200MW 以下的机组。原烟气通过管壁的热传导作用加热净烟气，无烟气泄漏，但传热系数小，烟气处理量小，易发生低温腐蚀、堵灰和磨损问题，所以应用较少。

（3）水媒式换热器 MGGH 是无泄漏型换热器，在超低排放施行后，用于替换原有的回转式 GGH。该换热器由两组分开布置：热烟气室和净烟气室，在热烟气室中烟气将热量传递给循环水，并在净烟气室中烟气再将循环水的热量吸收。通常在原烟气入口处设置降温段，净烟气出口设置升温段，热量由原烟气提供。水媒式换热器 MGGH 现场设备图如图 1-14 所示。

图 1-14　水媒式换热器 MGGH 现场设备图

19

13. 为什么大部分电厂脱硫超低排放后均取消了回转式烟气再热器（GGH）？

答： 国内大部分电厂脱硫建设初期均安装回转式 GGH，安装 GGH 后虽然可以提高净烟气的排烟温度，增加烟囱排烟抬升高度，并减少吸收塔内的蒸发水量。但由于回转式 GGH 漏风率普遍达到 0.8%～2%，若原烟气由于设备漏风泄漏进入净烟气侧，将很难保证脱硫出口达到超低排放要求。

假设煤质按照烟气脱硫系统（FGD）入口 SO_2 浓度为 3000mg/m³（标态、干基、6%O_2），改造要求达到出口 35mg/m³（标态、干基、6%O_2），脱硫效率为 98.83%。GGH 漏风率按照 1%考虑，吸收塔脱硫效率必须达到 99.83%以上才能满足出口排放 35mg/m³ 的标准，而实际脱硫装置很难达到如此高的效率，若当 GGH 漏风率大于 2%时，原烟气 SO_2 浓度泄漏量高达 60mg/m³，已超出 35mg/m³ 的排放限值。因此为了满足超低排放要求，电厂在超低排放改造时均将回转式 GGH 进行拆除，以确保 SO_2 达标排放。

另外，现有超低排放对脱硫系统的稳定运行也有很高的要求。众所周知回转式 GGH 除有漏风率高这个弊端外，还有回转式 GGH 换热器件堵塞的严重问题。这是在超低排放改造之前造成 FGD 非正常停运的主要原因之一。因此为了机组的稳定运行，必须提高后续各类环保装置的稳定性，减少故障率，确保机组的稳定运行。

14. 为什么取消烟气再热器（GGH）后需要进行烟囱防腐？

答： 烟气经湿法脱硫处理后，温度低、湿度大，容易出现烟气结露现象。根据国际工业烟囱协会发布的标准，烟囱内部腐蚀主要有 3 个原因：① 烟气脱硫后的冷凝物中存在氯化物或氟化物，从而容易形成腐蚀度高、渗透性强、难于防范的稀酸型腐蚀；

② 湿法脱硫工艺对造成烟气腐蚀的主要成分 SO_3 脱除效率不高，一般在 30%左右，SO_3 易与水蒸气结合形成硫酸，对烟囱造成腐蚀；③ 脱硫后烟气湿度增大、温度降低，当烟气温度低于酸露点温度时，烟囱内部形成酸液，从而形成腐蚀。

取消 GGH 后，烟气经过烟气脱硫系统（FGD），排入烟囱内部的烟气温度将从 80℃降低到 50℃左右，此温度已低于酸露点，烟气中的硫酸蒸汽凝结形成酸液，此时烟气腐蚀性非常强。因此，湿法脱硫后，若不再设置 GGH 等升温装置必须对烟囱进行防腐。

15. "石灰石–石膏"法对其他污染物是否有协同脱除作用？

答："石灰石–石膏"法烟气脱硫对汞、氟、氯、烟尘都有不同程度协同脱除作用。

（1）湿法脱硫设施前烟气中的汞以气态汞为主，石灰石–石膏法烟气脱硫对烟气中汞的影响主要体现在对气态汞的协同脱除上。

（2）湿法脱硫设施前烟气中氟、氯以 HF、HCl 为主，湿法脱硫设施对烟气中氟、氯的协同减排体现在对 HF、HCl 的脱除上，对烟气中氟、氯的平均脱除效率均在 90%以上，并且与脱硫设施入口烟气中气态氟、气态氯所占比例呈正相关性。

（3）湿法脱硫对烟气中粉尘有一定的协同脱除作用，一般认为石灰石–石膏法烟气脱硫装置综合洗尘效率在 50%左右。由于湿法脱硫对微细粉尘的洗尘效率要低于大颗粒粉尘的洗尘效率，因此超低排放改造以来随着除尘器烟尘排放值的减小，除尘器后烟尘粒径下降，烟气中的微细粉尘含量增加，脱硫装置的洗尘效率将有所减少。

16. 什么是脱硫废水"三联箱"处理工艺？

答：脱硫废水"三联箱"处理工艺中的"三联箱"是指中和

箱、反应箱和絮凝箱。三联箱系统主要包括以下几个子系统：

（1）废水处理反应箱系统，包括中和箱、反应箱、絮凝箱及搅拌器等附属设备。

（2）废水化学加药系统，包括盐酸投加系统、有机硫投加系统、氢氧化钠投加系统（包括氢氧化钠储存和输送设备）、絮凝剂投加系统、助凝剂投加系统，每个系统中包括药剂存储设备、计量装置、管道等。其中盐酸加药系统还包括盐酸低位储存罐及输送泵、盐酸计量罐及计量泵；氢氧化钠投加系统包括氢氧化钠储存系统和输送设备。各个加药系统均包括计量箱（含液位计）、2台计量泵（一用一备）、相应的管路（含压力表、脉动阻尼器等）以及相应的管件、阀门等。

（3）污泥处理系统，包括污泥循环泵、污泥输送泵、厢式压滤机（脱水机）、污泥斗及滤布冲洗装置、污水收集池及排污泵等。

（4）澄清系统，包括初沉池、一体化澄清/浓缩器、澄清池和清水泵等。

具体工艺流程如图1-15所示。

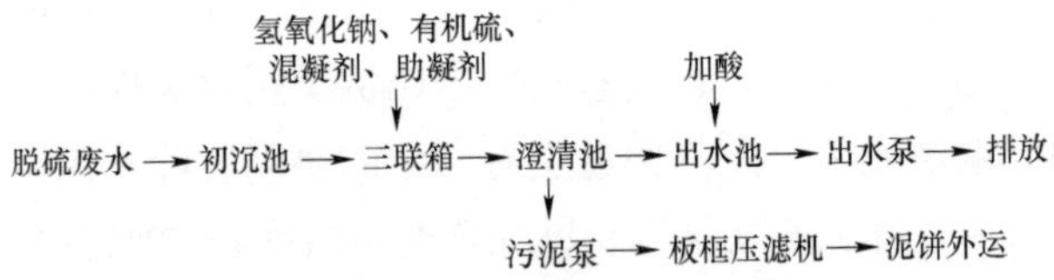

图1-15 脱硫废水"三联箱"处理工艺流程图

在脱硫废水三联箱处理系统中，主要是通过加入碱以及絮凝剂、助凝剂等去除废水中的重金属元素以及固体悬浮物等污染物。系统选用氢氧化钠作为碱性药剂进行中和，加入的碱量由在线pH监测调整装置进行实时调节控制，其他药剂（有机硫、絮凝剂、助凝剂等）投加量根据废水水量进行调节,盐酸的投加量同样由在线 pH 监测调整装置进行实时调节控制。

脱硫废水先由滤液泵送入预沉池进行预沉淀处理,然后由废水泵将预沉池中沉淀处理后的脱硫废水送入中和箱,加碱后流入沉降箱;在沉降箱投加有机硫,使汞、镉等重金属离子与硫离子螯合而析出;在絮凝箱投加铁盐,废水中的重金属离子在铁盐的双电层压缩作用下使胶体脱稳析出,结成絮体;向絮凝箱出口投加助凝剂 PAM,利用高分子架桥吸附特性,使絮体长大密实,有利于沉淀分离。絮凝箱出水自流进入澄清/浓缩池,絮体和清水在重力作用下固液分离。经充分澄清后,澄清池上部清液流入清水箱由清水泵送出,处理合格后的水可以进行回用,不合格者则回流到中和箱重新处理。脱硫废水经三联箱系统处理后,由于依然含有较高浓度的 Cl^-,可以用于干灰拌湿、煤场抑尘、冲洗厂区地面等。澄清池底部的污泥在重力作用下浓缩后,一部分污泥作为凝聚的晶种由污泥循环泵送回中和箱,其余污泥由污泥输送泵送入板框压滤机进行脱水形成泥饼落入泥斗,由车外运到灰场堆置。

17. 脱硫废水零排放处理工艺包括哪些?

答: 脱硫废水零排放处理工艺主要包括灰场喷洒蒸发、蒸发塘蒸发、烟道雾化蒸发及蒸发结晶工艺等四大类。

(1)灰场喷洒蒸发。将脱硫废水输送至灰场,通过雾化喷嘴将废水雾化后均匀喷洒至灰场,利用灰场环境自然蒸发,盐分随废水渗入灰中并与灰混合在一起。灰场喷洒需要考虑当地环保政策要求,考察喷洒灰厂对周边环境造成的影响。此外,为了避免脱硫废水不能及时蒸发而渗入地下水,需要对灰场地面做防渗处理。

(2)蒸发塘蒸发。蒸发塘是利用自然蒸发的原理将高盐废水中的水分蒸发，使盐分浓度达到饱和而结晶析出的一种技术。蒸发塘池底设置防渗系统，以防止对地下水的影响。蒸发塘占地面积较广，要求在项目厂址旁边具有场地平整、可耕价值低的土地资源作为蒸发塘用地。

（3）烟道雾化蒸发。将脱硫废水雾化后喷入锅炉尾部烟道内，利用烟气余热将雾化后的废水蒸发（如图 1-16 所示）；也可以引出部分烟气到单独的喷雾干燥器中，利用烟气的热量对末端废水进行蒸发（如图 1-17 所示）。在烟道雾化蒸发处理工艺中，雾化后的废水蒸发后以水蒸气的形式进入脱硫吸收塔内，冷凝后形成纯净的蒸馏水，进入脱硫系统循环利用。同时脱硫废水中的溶解性盐在废水蒸发过程中结晶析出，并随烟气中的灰一起在除尘器中被捕集。

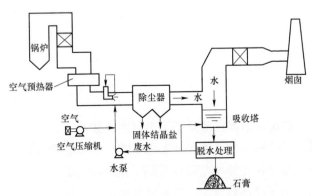

图 1-16　尾部烟道蒸发工艺流程图

（4）机械式蒸发结晶工艺。机械式蒸发结晶工艺以多效强制循环蒸发结晶工艺（MED）、蒸汽机械再压缩蒸发结晶工艺（MVR）和低温常压蒸发结晶工艺（NED）为代表，其技术经济指标比较如表 1-2 所示。

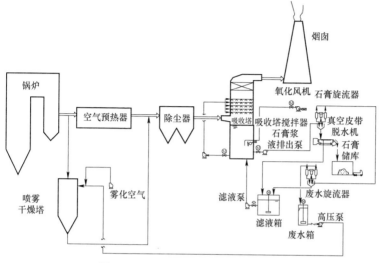

图 1-17 外引烟气蒸发工艺流程图

表 1-2　　机械式蒸发结晶工艺主要技术经济指标比较

蒸发方式	MED 工艺	MVR 工艺	NED 工艺
工作原理	将加热蒸汽通入一蒸发器蒸发,而产生的二次蒸汽此二次蒸汽当作加热蒸汽,引入另一个蒸发器作为加热热源	其原理是利用高能效蒸汽压缩机压缩蒸发产生的二次蒸汽,把电能转换成热能,提高二次蒸汽的焓,二次蒸汽打入蒸发室进行加热循环利用	在一密闭环境内模拟这种自然现象。当气体在常温常压设备内循环时,气流在蒸发室内加热并吸收水分,然后在冷凝室内凝结成纯水,产生类似自然降雨的现象
工艺特点	热利用率高,传热系数大,蒸发速度快,物料可以浓缩到较高的浓度。消耗蒸汽	热利用率高,传热系数大,蒸发速度快,物料可以浓缩到较高的浓度消耗电能	蒸发温度较低、低能耗、蒸发速度快,物料可以浓缩至固体消耗电能
适用范围	可蒸发浓度较高的溶液,对于黏度较大的物料也能适用,但不适合易结垢物料	可蒸发浓度较高的溶液,对于黏度较大的物料也能适用,但不适合易结垢物料	适用于易结晶、易结垢物料。对于黏度大液体要求泵压最大 200kPa 时,进水水样呈液体状
进水水质要求	较高。不易处理含有较高硬度、重油等高结垢倾向的污水	高。对于含有挥发性物质和腐蚀性物质的污水有苛刻的进水要求	较低

蒸发方式	MED 工艺	MVR 工艺	NED 工艺
结晶器的使用	需要。可以前效蒸发器进行浓缩，后效蒸发器内结晶	需要。MVR 只能产生浓缩液，需要另配结晶器	不需要。蒸发结晶一体化设备。除非对于结晶的晶体有较高要求
结垢和堵塞	较严重。发生一定程度的结垢后设备可继续使用，但能耗增加。预处理软化要求高	严重。若结垢设备不能继续使用，需停机清洗。预处理软化要求高	轻微。主要在换热器上。可以适当进行冲洗。对预处理要求较低
挥发气体影响	很大，影响出水水质和蒸发器运行	很大，影响出水水质，主要影响蒸汽压缩机的使用稳定性和寿命	较小，影响出水水质
运行可靠性	较稳定，管束有结垢，平均 5～15 天需清洗一次	较稳定，管束有结垢，平均 7～20 天需清洗一次，压缩机需定期维护	较稳定，换热器有结垢，平均 3～6 个月需清洗一次，压缩机需定期维护

第 2 节　其他脱硫技术基础知识

18. 氨法烟气脱硫工艺基本原理是什么？

答：氨法烟气脱硫工艺吸收原理为：将氨水通入吸收塔中，使其与烟气中的 SO_2 发生吸收反应，其主要反应式为：

$$NH_3 + H_2O + SO_2 \rightarrow NH_4HSO_3$$

$$2NH_3 + H_2O + SO_2 \rightarrow (NH_4)_2SO_3$$

$$(NH_4)_2SO_3 + H_2O + SO_2 \rightarrow 2NH_4HSO_3$$

燃煤电厂常用的氨法脱硫为氨-硫铵法脱硫工艺，该方法采用氨水做吸收剂，并在吸收塔后设置专门的氧化塔，最终将吸收液中 $(NH_4)_2SO_3$、NH_4HSO_3 氧化成为 $(NH_4)_2SO_4$。此方法涉及的反应式除上述的主反应式外，还涉及塔外的两步化学反应。

（1）吸收液引出吸收塔后，将吸收液用氨进行中和，使吸收液中全部 NH_4HSO_3 转变为 $(NH_4)_2SO_3$，以防止 SO_2 从溶液内逸出，反应过程如下：

$$NH_4HSO_3 + NH_3 \rightarrow (NH_4)_2SO_3$$

（2）生成的 $(NH_4)_2SO_3$ 经氧气进行氧化，形成最终产物 $(NH_4)_2SO_4$。

$$(NH_4)_2SO_3 + \frac{1}{2}O_2 \rightarrow (NH_4)_2SO_4$$

19. 氨法烟气脱硫工艺包括哪些主要系统？

答：氨法烟气脱硫工艺设备主要由烟气系统、脱硫洗涤系统、氨水制备贮存系统、硫酸铵结晶系统等组成，核心设备是脱硫洗涤塔。

（1）烟气系统：包括增压风机、烟气冷却装置、热交换器等。经过除尘的烟气在热交换器中冷却，在急冷段中喷水使其冷却饱和后，进入脱硫洗涤塔经氨水洗涤脱硫，在高浓度 SO_2 条件时产生的气溶胶被塔内的湿式电除尘器除去，净化后的烟气经增压风机增压和热交换器升温后由烟囱排放；

（2）脱硫洗涤系统：脱硫洗涤系统是该工艺的核心，包括吸收洗涤塔、氨水供给循环装置、氧化装置。洗涤层为烟气和氨吸收液密切接触提供载体。经冷却后的烟气从底部进入洗涤塔，逆流和从洗涤层上部喷淋下的氨水吸收液接触，烟气中的 SO_2 被氨吸收变成亚硫酸铵。洗涤液中的亚硫酸铵等产物经鼓入空气氧化后形成硫酸铵。完成脱硫后的烟气通过安装与塔顶的湿式电除尘器去除吸收过程产生的气溶胶，再排出洗涤塔；

（3）氨水制备贮存系统：将液氨和水以一定比例混合在容器中制成反应所需浓度的氨水，通过热交换器把吸收产生的热量带走，使溶液降到饱和温度；

（4）硫酸铵结晶系统：该系统将洗涤塔中产生的液体硫酸铵溶液经浓缩结晶形成硫酸铵固态产品。形成的脱硫副产品以固态硫酸铵结晶形式贮存或外运。

氨法脱硫典型工艺流程图如图1-18所示。

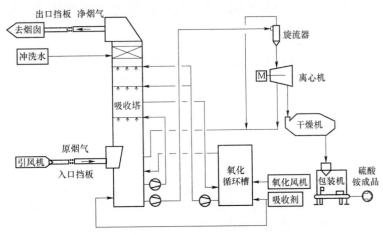

图1-18　氨法脱硫典型工艺流程图

20. 氨法烟气脱硫工艺的运行控制关键参数包括哪些？

答：氨法烟气脱硫工艺的运行控制关键参数包括吸收塔入口烟温、吸收塔入口烟尘浓度、吸收液 pH 值、循环槽液位和循环槽浆液浓度等，其中吸收液 pH 值、循环槽液位、循环槽浆液浓度这三项可直接通过运行调节，应重点关注。

（1）吸收液 pH 值：工艺中最重要的控制参数。合理的 pH 值可使脱硫效率提高，并使脱硫剂得以最大限度的利用。吸收段回流管上一般设置 pH 值测试仪用来分析吸收塔吸收段回流至氧化段管道中吸收液的 pH 值。

（2）循环槽液位：保证优化脱硫系统的运行及整套系统的水平衡的重要控制参数，循环槽液位的正常区间为 60%～70%，液位计一般设置于循环槽顶部，功能为监测循环槽的液位，调节入塔工艺水调节阀开度及回循环槽料液调节阀开度，控制工艺水给入量及回循环槽料液的流量。

（3）循环槽浆液浓度：保证优化脱硫系统的运行及整套系统的硫平衡的重要控制参数。经验认为循环槽浆液浓度的正常水平应为总悬浮固体颗粒小于 10%。

21. 循环流化床烟气脱硫工艺（半干法）基本原理是什么？

答：循环流化床烟气脱硫工艺（半干法）是指将生石灰（CaO）制成 $Ca(OH)_2$ 浆液后喷入反应塔中与烟气接触达到脱除 SO_2 目的的工艺。

其在反应塔内主要可分为四个阶段：① 雾化，可采用旋转雾化轮雾化或高压喷嘴雾化；② 吸收剂与烟气接触（混合流动）；③ 反应与干燥（气态污染物与吸收剂反应，同时蒸发干燥）；④ 干态物质从烟气中分离（包括塔内分离和塔外分离）。

其主要化学过程：半干法以生石灰为吸收剂，将其制备成 $Ca(OH)_2$ 浆液，或者消化制成干式 $Ca(OH)_2$ 粉，然后将 $Ca(OH)_2$ 浆液或 $Ca(OH)_2$ 粉喷入吸收塔，同时喷入调温增湿水，在反应塔内吸收剂与烟气混合接触，发生强烈的物理化学反应。烟气中 SO_2 与 $Ca(OH)_2$ 反应生成 $CaSO_3$，同时烟气冷却吸收剂中的水分快速蒸发干燥，在达到脱除 SO_2 目的的同时获得固体粉状脱硫副产物。

半干法脱硫主要的化学反应如下：

（1）生石灰消化：

$$CaO(s)+H_2O \rightarrow Ca(OH)_2$$

（2）SO_2 被吸收剂中的液滴吸收：

$$SO_2(g)+H_2O \rightarrow H_2SO_3$$

（3）吸收剂与 H_2SO_3 反应：

$$Ca(OH)_2+H_2SO_3 \rightarrow CaSO_3+2H_2O$$

（4）液滴中 $CaSO_3$ 过饱和沉淀析出：

$$CaSO_3 \rightarrow CaSO_3(s)$$

（5）被溶于液滴中的氧气氧化生成硫酸钙：

$$CaSO_3 + \frac{1}{2}O_2 \rightarrow CaSO_4$$

22. 循环流化床烟气脱硫工艺（半干法）包括哪些主要系统？

答：循环流化床烟气脱硫工艺（半干法）主要由吸收剂制备系统、脱硫反应塔系统、物料循环系统、工艺水系统和除尘系统等部分组成。循环流化床烟气脱硫工艺（半干法）流程图如图 1-19 所示。

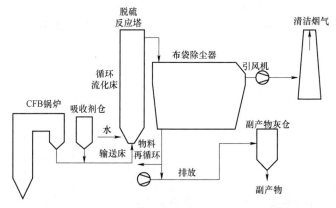

图 1-19　循环流化床烟气脱硫工艺（半干法）流程图

（1）吸收剂制备系统主要功能是将生石灰消化为 $Ca(OH)_2$，储存于吸收剂仓，最终通过输送将吸收剂喷入脱硫反应塔。

（2）脱硫反应塔系统是循环流化床烟气脱硫工艺核心部分，其主要作用是吸收烟气中的 SO_2 并产生 $CaSO_4$ 晶体。烟气通过脱硫反应塔下部的文丘里管加速，进入反应塔循环流化床床体内，与再循环物料、新鲜的 $Ca(OH)_2$ 粉以及增湿水，通过气固两相

反应吸收烟气中的 SO_2。

（3）物料循环系统主要功能是将烟气携带的物料通过分离并返回床内重复利用，该系统可使床内的物料被充分利用，增加反应时间。

（4）工艺水系统负责提供循环流化床烟气脱硫中的雾化水，用以对反应塔内的增湿以及调节反应塔内温度。

（5）除尘系统主要指布袋除尘器，用以脱硫反应塔后，含尘烟气中烟尘的去除。

23. 循环流化床烟气脱硫工艺（半干法）的运行控制关键参数是什么？

答： 循环流化床烟气脱硫工艺（半干法）的运行控制关键参数为钙硫比（Ca/S）与脱硫反应塔塔内温度。

（1）钙硫比（Ca/S）：在保证烟气脱硫率的前提下，应设法降低钙硫比，尽量提高脱硫剂的利用率。提高反应塔中的钙硫比，可以提高脱硫率，但会造成吸收剂的浪费。

（2）脱硫反应塔塔内温度：这里先引入趋近绝热饱和温度的概念，即脱硫反应塔塔内温度与烟气绝热饱和温度之差。趋近绝热饱和温度降低，会使浆滴液相蒸发速度降低，从而增加 SO_2 与 $Ca(OH)_2$ 的反应时间，提高脱硫效率和吸收剂利用率。但趋近绝热饱和温度降低，将引起烟气结露，增加对设备的腐蚀，提高设备的运维费用。根据实际运行经验一般控制脱硫反应塔塔内温度在 $65\sim75\,^\circ\!\mathrm{C}$ 之间。

24. 炉内喷钙脱硫工艺基本原理是什么？

答： 炉内喷钙脱硫技术的工艺基本原理为 CaO 的固硫反应，最终产物为 $CaSO_4$。整个工艺中化学反应过程与温度密切相关，化学反应过程可分为两个阶段。

（1）吸收剂经高温煅烧裂解，石灰石或熟石灰在 900～1250℃高温下受热分解成 CaO。

$$CaCO_3(s) \rightarrow CaO(s)+CO_2(g)$$

$$Ca(OH)_2(s) \rightarrow CaO(s)+H_2O(g)$$

（2）SO_2 被氧化和 CaO 的硫酸盐化。在 700℃的有氧环境下，锅炉烟气中的部分 SO_2 和全部 SO_3 与 CaO 反应生成 $CaSO_4$。

$$CaO(s)+SO_2(g)+O_2(g) \rightarrow CaSO_4(s)$$

$$CaO(s)+SO_3(g) \rightarrow CaSO_4(s)$$

25. 炉内喷钙脱硫投运是否会对锅炉运行产生影响？

答：炉内喷钙对锅炉运行的影响主要有以下三点：

（1）对锅炉性能的影响。炉内喷钙脱硫由于增加石灰石煅烧步骤和固硫反应需要吸收能量，因此会造成锅炉效率降低；

（2）对锅炉受热面影响。炉内喷钙脱硫由石灰石煅烧分解成的 CaO、MgO 可以降低炉膛内 SO_2、SO_3 的浓度，从而降低受热面的高温腐蚀；

（3）对锅炉受热面磨损的影响。炉内喷钙脱硫在运行中有大量的 CaO 存在，这部分 CaO 会与飞灰中的氯盐发生凝硬反应，形成含有水泥成分的改性飞灰，这种产物会加剧锅炉受热面的磨损。

26. 为什么炉内喷钙脱硫工艺更适用于循环流化床锅炉？

答：目前，循环流化床锅炉较适用于炉内喷钙脱硫工艺。一般在能够满足 SO_2 排放的前提下，应优先考虑低成本的炉内脱硫手段，再辅助其他脱硫工艺满足达标排放。

采用炉内喷钙脱硫时作为一级脱硫时，锅炉飞灰中将含有大量未反应完全的 CaO 颗粒，由于循环流化床锅炉燃烧温度区间适宜石灰石煅烧分解，产生的 CaO 颗粒空隙较多，活性好，是一种极好的脱硫剂。循环流化床可以实现内部物料循环，可以大幅提高石灰石的利用率。若在尾部设置半干法烟气脱硫，基本不需要另外增加脱硫剂，因此当二级脱硫采用循环流化床半干法工艺时，可以达到以废治废的作用，可大大地节约脱硫剂成本，而且系统不需要设置预除尘器。

炉内喷钙脱硫工艺具备以下优点：① 无污水和废酸排出、设备腐蚀小、烟气净化过程中无明显温降、净化后烟温高、利于烟囱扩散；② 投资省、占地少、适用于小机组尤其是循环流化床脱硫改造；③ 运行可靠、便于管理。

27. 不同烟气脱硫技术的副产物如何处置？

答：（1）石灰石－石膏法湿法烟气脱硫副产物成分主要为石膏，其次有少量未反应石灰石、亚硫酸钙和杂质等。脱硫石膏在化学组成上以二水硫酸钙（$CaSO_4 \cdot 2H_2O$）为主，一般比天然石膏有更高的纯度。

脱硫石膏的用途主要有：

1）建筑材料：将脱硫石膏制成石膏砌块及石膏板用于建筑中隔墙的块型材料。

2）用作水泥缓凝剂：在硅酸盐水泥中加入适量的石膏，用以调节水泥的凝结时间，不仅可以对水泥起到缓凝作用，同时还可以提高水泥强度。

3）农业用途：脱硫石膏的高透气率使它成为极好的土壤调节剂，可以改进土壤结构和排水特性，调节土壤 pH 值和增加阳离子交换能力。

（2）干法/半干法烟气脱硫工艺主要指喷雾干燥法、循环流化床烟气脱硫等脱硫工艺，这些脱硫工艺均采用钙基吸收剂，因此副产物为含钙脱硫渣。

含钙脱硫渣用途主要有：

1）墙体建筑材料。对脱硫渣、飞灰、水泥进行混合，通过固化可以作为建筑材料。

2）黏合剂。通过向脱硫渣中添加飞灰、硅酸盐水泥及特殊添加剂，可生产出水泥地面黏合剂。

（3）氨法烟气脱硫工艺副产物主要为硫酸铵。硫酸铵既富含氮又富含硫，是一种理想的酸性化肥（其氮含量为21%，硫含量为24%），其主要适用于碱性土壤和很多经济作物，比如北方盐碱地及茶叶、柑橘、柠檬和油料作物等。

第3节 脱硫超低排放技术基础知识

28. 石灰石-石膏法高效脱硫技术包括哪些？

答：石灰石-石膏湿法脱硫基本原理是石灰石浆液与烟气中SO_2发生反应，形成反应产物亚硫酸钙，亚硫酸钙通过氧化空气强制氧化成硫酸钙，脱水后形成副产物石膏，从而实现SO_2达标排放。

近年来，随着烟气超低排放改造需要，多种高效湿法脱硫技术应运而生，使得湿法脱硫效率从95%上升至99%甚至99.5%以上。

（1）pH值分区/分级技术。通过对浆液物理分区或依靠浆液自身特性形成自然分区，实现对浆液pH值分区/分级控制。从而使得部分浆液处于较低pH值区间（4.5~5.3），以保证石灰石溶解和石膏氧化效果，另一部分浆液处于较高pH值区间（5.8~6.4），以保证SO_2吸收效果。依据pH分区控制原理，有单塔双区技术、单塔双循环技术和双塔双循环技术；

（2）复合塔技术。在吸收塔最低层喷淋层与入口烟道之间加装托盘、湍流器等装置，形成稳定持液层，均布吸收塔内流场、强化气液传质能力，形成高效复合塔脱硫技术，复合塔协同除尘能力可达 70% 以上，主要包括托盘（双托盘）塔技术、旋汇耦合塔技术等；

（3）脱硫添加剂提效技术。吸收塔浆液内添加有机酸、无机盐（多为镁盐、钠盐）等物质，增强 SO_2 分子由气相向液相传质动力，从而提高吸收剂利用率，提高脱硫效率。

29. 石灰石–石膏湿法高效脱硫技术的核心要素是什么？

答：SO_2 吸收过程可以通过双膜理论描述（见图 1–20），在气液传质过程中，SO_2 分子以扩散方式由气相主体通过气膜、液膜传递至液相主体，传质总阻力为两相传质阻力之和。由于 SO_2 在气相中扩散能力大于液相扩散能力，故 SO_2 吸收传质过程主要由液相传递控制。

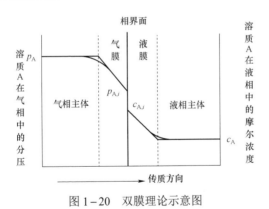

图 1–20 双膜理论示意图

石灰石–石膏湿法脱硫工艺核心要素是增强传质动力（主要降低液相传质阻力），增强传质动力可以通过以下措施实现：

（1）设置均流装置。通过设置均流装置，如托盘（双托盘）、旋汇耦合器、湍流管栅等，均布流场、增强气液湍流程度，进而增强传质动力，提高脱硫效率；

（2）提高 pH 值。SO_2 由气相进入液相形成 H_2SO_3，H_2SO_3 二次电离形成 H^+、HSO_3^- 以及 SO_3^-，浆液 pH 值提高后，气相中 SO_2 分压大于平衡液相中 SO_2 分压，增强传质动力，提高脱硫效率；

（3）提高吸收利用率。加热适量有机酸、无机盐等脱硫添加剂，可以提高石灰石溶解速率，从而提高脱硫效率。

30. 合金托盘塔脱硫工艺的技术特点是什么？

答：合金托盘塔脱硫工艺是在吸收塔最低喷淋层与入口烟道顶部之间设置一层或两层多孔合金托盘，喷淋层与除雾器等方面配置与常规喷淋空塔基本一致。该技术可以显著改善吸收塔内气流均布效果，同时形成持液层提高脱硫效率，降低液气比。在目前提倡脱硫高效协同除尘作用的理念下，托盘的持液层可以提高粉尘与浆液的接触面积，提高洗尘效率。合金托盘塔示意图如图 1-21 所示。

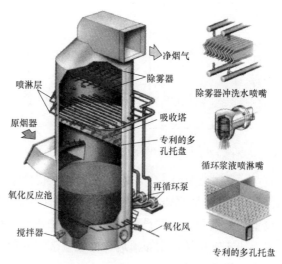

图 1-21　合金托盘塔示意图（一）

图 1-21 合金托盘塔示意图（二）

合金托盘塔脱硫工艺技术特点如下：

（1）气流均布。吸收塔设置托盘和未设置托盘的流场比较如图 1-22 所示。

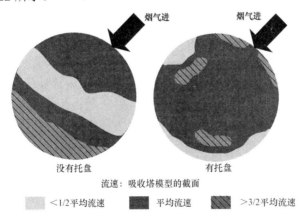

图 1-22 吸收塔设置托盘/未设置托盘流场比较

吸收塔内设置合金托盘后，进入吸收塔的气体流速得到了很好的均布作用，大部分气体流速处在平均流速范围内。

（2）石灰石溶解速率大幅提高。托盘上浆液的 pH 值比反应

37

池内的 pH 值低 20%以上，石灰石的溶解速率与浆液内水合氢离子 [H$^+$] 的浓度成正比，pH 为 4.0 条件下的 [H$^+$] 是 pH 为 5.5 条件下 [H$^+$] 的 31 倍，因此更易于托盘上石灰石的溶解。

（3）烟气与浆液接触时间大大增加。传统空塔烟气与浆液的接触时间约 3.5s，由于托盘可保持一定高度液膜，增加了烟气在吸收塔中的停留时间，单托盘上的浆液滞留时间为 1.8s，对于双托盘吸收塔，托盘上的浆液滞留时间大约为 3.5s，烟气接触时间较空塔延长 1 倍。

（4）检修方便。托盘的设置可使吸收塔运行维护方便。在塔内件进行检修时，不需将塔内浆液全部排空，然后在塔内搭建临时检修平台，运行维护人员站在合金托盘上就可对塔内部件进行维护和更换，减少运行时维护的时间。

31. 旋汇耦合脱硫工艺的技术特点是什么？

答：旋汇耦合脱硫工艺是基于多相紊流掺混的强传质机理和气体动力学原理开发的具有脱硫协同除尘作用一体化技术，其核心技术是在吸收塔入口烟道顶部与最低层喷淋层之间设置一层旋汇耦合器，在旋汇耦合器上方的湍流空间内气液固三相充分接触，增强气液膜传质、提高传质速率，进而提高脱硫接触反应效率。同时，通过优化喷淋层结构，改变喷嘴布置方式，提高单层浆液覆盖率达到 300%以上，增大化学反应所需表面积，提高脱硫协同除尘效率。

旋汇耦合吸收塔上部设置有管束式除尘装置，由导流环、管束筒体、整流环、增速器和分离器组成。其除尘除雾原理是通过加速器加速后气流高速旋转向上运动，气流中细小雾滴、尘颗粒在离心力作用下与气体分离，向筒体表明运动实现液滴脱除。旋汇耦合塔结构示意图如图 1-23 所示，旋汇耦合器如图 1-24 所示，管束式除尘除雾装置如图 1-25 所示。

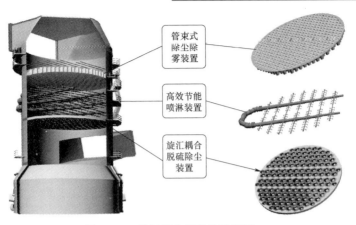

管束式除尘除雾装置

高效节能喷淋装置

旋汇耦合脱硫除尘装置

图 1-23 旋汇耦合塔结构示意图

图 1-24 旋汇耦合器

图 1-25 管束式除尘除雾装置

旋汇耦合脱硫工艺技术特点如下：

（1）传质效率高。烟气进入吸收塔内，通过旋汇耦合器后烟气湍流强度增加，气流均布性增强，逆流接触吸收剂雾滴的传质效率高。

（2）气流均布好。塔内烟气和浆液分布不均容易造成烟气短路形成盲区，旋汇耦合塔的 CFD 模拟显示气流均布效果比一般空塔提高 15%～30%。

（3）协同除尘。经高效脱硫及初步除尘后的烟气向上经离心式除尘装置进一步完成高效除尘除雾过程，实现对微米级粉尘和细小雾滴的脱除，从而实现粉尘的超低排放。

（4）占地面积小。在单座吸收塔内可实现脱硫效率高达99%，适用于改造空间小的机组进行提效改造。

32. "单塔双区"脱硫工艺的技术特点是什么？

答："单塔双区"脱硫工艺，在单座吸收塔内分别为氧化和结晶提供最佳反应条件，提高脱硫效率。其主要理念是在不增加二级塔或者塔外浆池的情况下，通过在吸收塔浆池内设置分区隔离器和采用射流搅拌系统，将浆池分隔为上吸收区和下氧化区，使浆池的 pH 值分开，实现"双区"。其中氧化区保持低 pH 值，为4.9～5.5，以便生成高纯石膏；吸收区保持高 pH 值，为 5.3～6.1，保证高效脱除 SO_2。"单塔双区"脱硫工艺示意图如图 1-26 所示。

"单塔双区"脱硫工艺的核心在于设置分区隔离器以及采用射流搅拌系统。分区隔离器上部浆液为刚完成吸收反应后自由掉落的喷淋液，溶解有相当量的 SO_2，浆液呈较强酸性，浆液中 SO_3^{2-} 可以在该区域内供氧管供氧情况下氧化生成 SO_4^{2-}，立即与溶液中大量存在的 Ca^{2+} 结合生成 $CaSO_4$ 并与水结晶生成石膏；而在隔离器下部，为新加入的石灰石浆液，为避免其对隔离器上部浆液 pH 的影响。采用了射流搅拌系统，当液体从管道末端喷嘴中冲出时产生射流，依靠此射流作用搅拌起塔底固体物，防止沉淀发生。通过分区隔离器的设置和射流搅拌系统的辅助，实现浆池内上部高pH值的氧化结晶环境和下部低pH值的SO_2吸收环境。

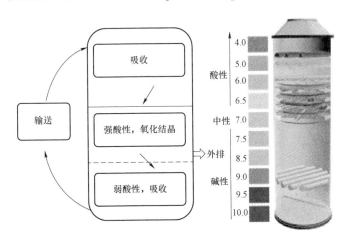

图1-26　"单塔双区"脱硫工艺示意图

"单塔双区"脱硫工艺特点如下：

（1）全烟气均采用高pH值浆液进行脱硫吸收，有利于保证高脱硫效率，吸收剂利用率高；所有石膏结晶均在同一塔低pH值区进行，有利于氧化，石膏纯度最高。

（2）配套专有射流搅拌措施，吸收塔内无任何转动部件，且搅拌更加均匀，脱硫系统停机后可以很顺利的重新启动。

（3）无任何塔外循环吸收装置或串联塔，占地面积小，节约大量投资。

（4）脱硫系统运行阻力低，比串联塔低150～600Pa。

33. 单塔双循环脱硫工艺的技术特点是什么?

答：单塔双循环塔的结构和单回路喷淋塔相似，不同的是在吸收塔中循环回路分为下循环和上循环两个回路，采用双循环回路运行，两个回路中的反应在不同的 pH 值环境下进行。单塔双循环脱硫工艺流程示意图如图 1-27 所示，单塔双循环脱硫装置现场图如图 1-28 所示。

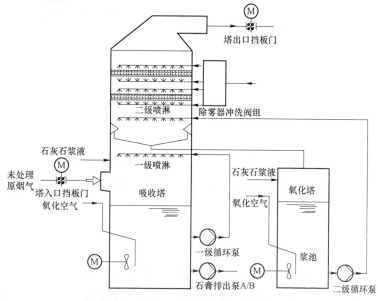

图 1-27 单塔双循环脱硫工艺流程示意图

图 1-28 单塔双循环脱硫装置现场图

下循环脱硫区：下循环由中和氧化池及下循环泵共同形成下循坏脱硫系统，pH 值控制在 4.0～5.0 范围，利于亚硫酸钙氧化、石灰石溶解，防止结垢和提高吸剂利用率。

上循环脱硫区：上循环由中和氧化池及上循环泵共同形成上循环脱硫系统，pH 值控制在 6.0 左右，可以高效地吸收 SO_2，提高脱硫效率。

在一个脱硫塔内形成相对独立的双循环脱硫系统，烟气的脱硫由双循环脱硫系统共同完成。双循环脱硫系统相对独立运行，但又布置在一个脱硫塔内，保证了较高的脱硫效率，特别适合于燃烧高硫煤和执行超低排放标准地区，脱硫效率可达到99%以上。

单塔双循环脱硫系统各配备 1 套 FGD 和 AFT 浆液塔（如图 1-26 所示），AFT 浆液塔为上部循环提供浆液，上部循环喷淋浆液最终由设置在上、下循环之间的合金积液盘收集返回AFT 塔。

单塔双循环脱硫系统最显著特点是可以实现上、下循环不同 pH 值。某电厂在运行时控制上、下循环 pH 值分别为 5.8、5.1，在实现高脱硫效率的同时（99.1%），可以获得较高品质的脱硫石膏（含水率 10% 以下）。

单塔双循环脱硫工艺技术特点如下：

（1）两个循环过程的控制相互独立，避免了参数之间的相互制约，可以使反应过程更加优化，以便快速适应煤种变化和负荷变化。

（2）高 pH 值的二级循环在较低的液气比和电耗条件下，可以保证很高的脱硫效率。低 pH 值的一级循环可以保证吸收剂的完全溶解以及很高的石膏品质，并大大提高氧化效率，降低氧化风机电耗。

（3）两级循环工艺延长了石灰石的停留时间，特别是在一级循环中 pH 值很低，实现了颗粒的快速溶解，可以实现使用品质较差的石灰石并且可以较大幅度地提高石灰石颗粒度，降低磨制系统电耗。

（4）由于吸收塔中间区域设置有烟气流畅均流装置，较好地满足了烟气流畅，能够达到较高的脱硫效率和更好的除雾效果，减少粉尘的排放，从而减轻"石膏雨"的产生。

（5）克服了单塔单循环技术因液气比较高、浆池容积大，氧化风机压头高的缺点，也克服了双塔串联工艺因设备占地面积大、系统阻力大和投资高的缺点。

34. 双塔双循环脱硫工艺的技术特点是什么？

答：双塔双循环脱硫工艺是在已有吸收塔前或后串联一座吸收塔，通常考虑原吸收塔作为一级塔，新建二级塔或原吸收塔作为二级塔，新建一级塔。双塔双循环脱硫技术流程示意图如图 1-29 所示，某电厂双塔双循环脱硫装置现场图如图 1-30 所示。

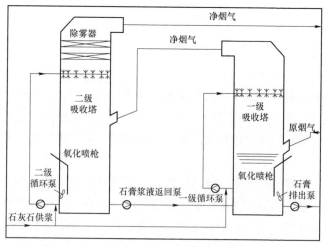

图 1-29　双塔双循环脱硫技术流程示意图

图 1-30　某电厂双塔双循环脱硫装置现场图

双塔双循环脱硫工艺具有如下特点：

（1）脱硫效率高。双塔双循环脱硫技术中两座吸收塔内脱硫过程均为独立的化学平衡，假使一、二级塔运行脱硫效率分别为90%、90%，则总脱硫效率即可达到 1-（1-90%）×（1-90%）=99%，可以实现极高的脱硫效率。

（2）协同除尘效率高。通常双塔双循环脱硫技术的协同除尘效果要优于单塔系统，如考虑新建二级塔需要开展数模与物模工作，确保吸收塔内流场合理，同时设计控制吸收塔内烟气流速（一般不超过 3.5m/s）、选用高性能喷嘴确保喷淋层有足够的覆盖率（一般在 300%以上）、选用高性能除雾器等措施下，双塔双循环脱硫协同除尘效率明显高于单塔系统。

（3）氧化风系统。按照双塔双循环 pH 值分级的理念，二级塔运行时应以吸收过程为主，运行时宜维持高 pH 值，氧化风需求量不大，在后续设计优化时二级塔可以不单设氧化风机，仅设置氧化空气分配管，氧化空气从一级塔氧化风机引接，中间设置调节阀门，从而降低亚硫酸钙生成并发生结垢的可能性。这样做的好处是，一方面可以减少改造投资，另一方面大大缩小占地面积。

（4）一、二级塔 pH 值控制。通常，双塔双循环 pH 值控制有两种理念，一种两座吸收塔独立考虑，两级塔 pH 值控制相差不大（如均为 5.2～5.8 之间），另一种方式考虑一级塔保证浆液氧化，二级塔保证吸收，此理念下考虑一级塔 pH 值 5.2～5.8，二级塔 pH 值为 6.0～6.2。

（5）系统水平衡。研究发现，部分机组在运行时出现了吸收塔液位较难维持的现象，即一级塔液位下降较快，而二级塔液位持续上升。脱硫装置入口烟温越低，此现象越明显，主要是由于两级塔除雾器冲洗水量高与蒸发水量小（低负荷相对明显）之间矛盾造成。可以考虑滤液制浆、适当降低一级塔除雾器冲洗频率、冷却水等闭式循环等方式调节。

35. 脱硫添加剂提效技术的工作原理是什么？

答："石灰石–石膏"湿法脱硫添加剂通常可以分为无机添加剂、有机添加剂和复合添加剂三类，不同添加剂工作原理如下：

（1）无机添加剂。根据双膜理论可知，SO_2 的吸收过程主要是 SO_2 分子从气相主体通过气膜、液膜扩散进入液相主体传质过程，传质阻力为气膜阻力和液膜阻力之和，由于 SO_2 分子在气相扩散系数高于它在液相扩散系统，因此传质阻力主要由液膜控制。无机添加剂可以降低 SO_2 在液相中浓度，降低 SO_2 分压，从而提高 SO_2 溶解动力，提高浆液对 SO_2 吸收能力，同时也具有缓解脱硫系统结垢和堵塞功能。无机盐添加剂主要包括镁盐、钠盐、铵盐等，如 $MgSO_4$、$Mg(OH)_2$、Na_2SO_4、$NaNO_3$、$(NH_4)_2SO_4$ 等，其中以镁类添加剂应用最多。

（2）有机添加剂。有机添加剂可以促进 SO_2 溶解生产的 H^+ 在气–液两相之间传递，减少气相和液相之间传质阻力，提高 SO_2 吸收能力。研究表明，由于有机添加剂表面活性作用增大脱硫反应传质面积，从而在较低 pH 值浆液水平下可以保证脱硫效率。有机添加剂多为有机酸，如 DBA（己二酸生产过程中的副产混合酸）、己二酸、苯甲酸、乙酸、甲酸、丁二酸等。相比无机添加剂，有机添加剂能够得到品质较好的副产物石膏。

（3）复合添加剂。复合添加剂则是在对无机和有机添加剂的基础上开发出来的两种或更多添加剂的组合。研究发现，复合添加剂的不同组合方式（包括添加剂的种类和含量）对脱硫效率的影响是不同的，多数情况下它对脱硫效率的提高并非单一添加剂效果的叠加，尤其在中低 pH 值段更是效果显著。

36. 循环流化床锅炉脱硫超低排放工艺路线包括哪些？

答：通常，循环流化床锅炉配置炉内喷钙干法脱硫装置，炉内喷钙干法脱硫效率不高于 90%，受循环流化床锅炉煤质影响，仅配置炉内干法脱硫装置难以实现锅炉出口 SO_2 浓度 $35mg/m^3$ 超低排放限值要求。因此，循环流化床锅炉脱硫超低排放需要增设炉外脱硫装置。

以某循环流化床锅炉产生 SO_2 浓度为 $2500mg/m^3$，超低排放改造后烟囱入口 SO_2 浓度不高于 $35mg/m^3$ 为例。脱硫超低排放改造有以下三种工艺：

（1）纯石灰石 – 石膏湿法烟气脱硫工艺。在脱硫工艺设计时不考虑炉内喷钙效应（炉内喷钙纯备用考虑），湿法脱硫装置设计入口 SO_2 浓度按 $2500mg/m^3$ 考虑，湿法脱硫效率设计为不小于 98.6%。

该思路优点是设计裕量较大，运行调整方便；缺点是产生脱硫废水、烟囱需进行防腐改造以及电耗相对较高。

（2）炉内喷钙联合石灰石 – 石膏湿法烟气脱硫工艺。在脱硫工艺设计时考虑部分炉内喷钙效应，由于目前炉内喷钙效率最高可达到 90%，从炉内经济性运行角度考虑，考虑炉内喷钙后进入湿法脱硫装置的 SO_2 浓度为 $1500mg/m^3$（炉内脱硫效率为 40%），湿法脱硫效率设计为不小于97.7%。

该思路优点是适当降低炉外湿法脱硫配置，减少投资，同时脱硫系统具有一定裕量，运行调整较方便；缺点是湿法脱硫产生废水、烟囱需进行防腐改造、粉煤灰综合利用难度较大。

（3）炉内喷钙联合半干法烟气脱硫工艺。考虑炉内脱硫效率86%（SO_2浓度经炉内喷钙后由2500mg/m³降至350mg/m³），半干法脱硫设计入口SO_2浓度取350mg/m³，半干法脱硫效率按不小于90%来设计（SO_2浓度经循环流化床烟气脱硫后由350mg/m³降至35mg/m³）。

该思路优点是半干法无废水产生、烟囱不需要防腐；缺点是吸收剂（生石灰）成本高、设计裕量相对较小、粉煤灰综合利用难度较大，停炉施工工期相对较长。

37. 高效湿法脱硫协同除尘技术路线包括哪些？

答：早期湿法脱硫装置出口SO_2浓度和烟尘浓度要求不高，通常考虑满足脱硫要求前提下尽量减少投资，因此吸收塔直径相对较小，流速相对偏高、喷淋层覆盖率偏低、除雾器配置偏低。而超低排放改造对脱硫出口SO_2浓度和烟尘浓度要求较高，故需要考虑高效脱硫协同除尘提效措施。

吸收塔高效脱硫协同除尘可以从以下几方面考虑：

（1）除雾器优化配置。脱硫改造宜优先选用屋脊式除雾器，如增加除雾器级数、除雾器不同形式组合等；也可以考虑更换高效除尘除雾器，如管束式除雾器、冷凝式除雾器、声波团聚除雾器等。

（2）降低空塔流速。一般已建吸收塔空塔流速相对固定，优化空间较小，对于新建吸收塔和双塔双循环脱硫工艺，新建二级吸收塔设计时，吸收塔空塔流速宜按照3.5m/s左右选取。

（3）喷淋层优化。提高吸收塔喷淋层覆盖率提高脱硫效率同时提高吸收塔协同除尘效率，超低排放改造吸收塔喷淋层覆盖率不宜低于 300%。

（4）吸收塔流场优化。开展吸收塔数模和物模工作可以优化吸收塔流场，另外增加合金托盘等均流装置可以进一步优化流场，从而有利于提高吸收塔脱硫协同除尘能力。

高效脱硫除尘技术路线如下：

（1）对于干式除尘器为静电除尘器，可以考虑在静电除尘器前部布置低低温省煤器，降低粉尘比电阻，提高静电除尘器除尘效率，降低吸收塔入口烟尘浓度；同时开展吸收塔流场优化（如增加合金托盘）、增加喷淋层覆盖率、增加高效三级屋脊式除雾器，实现高效脱硫协同除尘。

（2）对于采用电袋（或布袋）除尘器，可以考虑吸收塔入口烟尘降低 30mg/m³ 以下，同时更换吸收塔除雾器为高效除尘除雾装置（如管束式除雾器、冷凝式除雾器、声波团聚式除雾器等）实现高效脱硫协同除尘。

烟气脱硫工程的设计与建设

38. 脱硫改造前是否有必要进行摸底试验？

答：受煤炭市场变化的影响，燃煤硫分波动较大，实际燃用煤质与脱硫设计煤质往往差异较大。另外，随运行时间增长，脱硫系统设备出力难以保持建设期水平，故脱硫改造前进行摸底试验是非常必要的。

脱硫改造前应首先通过现场勘察、查阅资料以及与电厂专业人员沟通等方式，确认现有设备的状态，现有设备状态通常可以分为可以利旧设备、检修恢复出力设备、需要更换设备三大类。例如现有浆液循环泵、入口滤网、阀门及管道等设备状况良好，属于可以利旧设备类别；如出现严重腐蚀、考虑重新防腐或重要部分更换的管道，属于检修恢复出力设备类别；如不满足改造要求的浆液循环泵，属于需要更换设备类别。在条件允许的情况下，应现场勘察吸收塔喷淋层喷嘴堵塞、腐蚀的程度，烟道腐蚀和保温损坏的情况，甚至可以开展冷态试验分析流场情况。

脱硫装置摸底试验在满负荷工况下进行，主要测试项目见表2-1。

表2-1　　　　脱硫改造摸底试验主要测试项目

机组负荷		满负荷
FGD入口	SO_2、O_2浓度	■
	烟气流量	■
	压力	■

续表

机组负荷			满负荷
FGD 入口		烟尘浓度	■
		烟气温度	■
		含湿量	■
FGD 出口		SO_2、O_2 浓度	■
		烟尘浓度	■
		压力	■
		烟气温度	■
		雾滴含量	■
系统沿程阻力损失			■
GGH 漏风率（如有）			■
磨煤机出力（如有）			■
皮带机出力			■
入炉煤质			■（取样分析）

注：■ 表示摸底试验测试内容。

39. 湿法脱硫改造工作的设计参数如何确定？

答：湿法脱硫改造工作主要设计参数包括入口烟气量、入口烟气温度、入口 SO_2 浓度等，见表 2-2。

表 2-2　　　　某 600MW 石灰石-石膏湿法脱硫
改造设计入口烟气参数

项　目	单　位	数　据	备　注
1　烟气参数			
烟气量	m^3/h	2286196	标态、湿基、实际 O_2
烟气量	m^3/h	2094156	标态、干基、实际 O_2
烟气量	m^3/h	2150000	标态、干基、6%O_2
FGD 工艺设计烟温	℃	132	

51

续表

项　目	单　位	数　据	备　注
2　FGD入口处烟气成分组成			
H_2O	vol－%	8.4	标态、湿基、实际O_2
O_2	vol－%	5.6	标态、干基、实际O_2
N_2	vol－%	80.1	标态、干基、实际O_2
CO_2	vol－%	13.9	标态、干基、实际O_2
SO_2	vol－%	0.431	标态、干基、实际O_2
3　FGD入口处污染物浓度			
SO_2	mg/m³	12000	标态、干基、6%O_2
SO_3	mg/m³	270	标态、干基、6%O_2
HCl	mg/m³	50	标态、干基、6%O_2
HF	mg/m³	25	标态、干基、6%O_2
烟尘	mg/m³	80	标态、干基、6%O_2

（1）入口烟气量：一般情况下可以通过三种方式比选确定，一是摸底试验测得烟气量；二是根据设计煤质以及锅炉参数计算得到烟气量；三是考虑原设计烟气量，一般选择三者最大值作为本次改造设计烟气量。若出现摸底试验期间负荷存在偏差、冷风门开启或煤质出现重大改变情况，需要剔除后重新确认本次改造烟气量。

（2）入口烟气温度：将摸底试验实测入口烟气温度与原设计值比较，选取二者较大值作为本次改造设计烟气温度。若存在前部空预器和省煤器改造、试验期间冷风门开启、新增余热利用装置等情况，需要与其出口烟温一致。

（3）烟气成分组成按照摸底试验选择。

（4）入口SO_2浓度：按照设计煤质折算值选取。

（5）入口SO_3浓度：按照锅炉产生SO_2浓度转化比例选取，

但需要考虑脱硝等其他工艺中 SO_2/SO_3 转化率浓度对脱硫装置入口处 SO_3 浓度的影响。

（6）入口 HF、HCl 浓度：可选取摸底试验值与原设计值中较大者作为设计参数。

（7）入口烟尘浓度：通常与除尘器改造出口烟尘浓度目标值保持一致，考虑高效脱硫协同除尘作用和提高设备可靠性，可以在其基础值上数值增加 $5\sim10mg/m^3$ 作为裕量。

40. 超低排放改造引增合一设计参数如何确定?

答： 超低排放改造中，脱硝、除尘、脱硫装置新增阻力时，需要对原引风机、增压风机进行校核，在引风机、增压风机无法满足要求时，可以考虑引增合一改造。引增合一改造中的主要设计参数和选型要点包括入口烟气量、入口烟气密度、入口烟温、入口压力、风机全压、引风机功率、引风机形式（轴流式或离心式）、驱动方式（变频或给水泵汽轮机驱动）等。

引风机有离心式或轴流式。机组容量较大时，烟气量较大，建议选择轴流式引风机；机组容量较小，烟气量较小，建议选择离心式引风机。引风机驱动方式有变频+静叶调节、动叶调节、给水泵汽轮机驱动等，一般情况下动叶调节风机价格最低，给水泵汽轮机驱动风机价格最高，但给水泵汽轮机驱动风机节能效果较为明显，需要综合技术经济比较确定。

以某 300MW 燃煤机组引增合一改造为例，引风机设计参数确定如下：

（1）基础参数。原引风机 BMCR 工况全压 3315Pa，TB 工况全压 4310Pa；原增压风机 BMCR 工况全压 3982Pa，TB 工况全压为 4778Pa。试验测得原烟风系统（炉膛至引风机入口）阻力 4080Pa，脱硫系统（增压风机至烟囱入口）阻力 2720Pa。超低排放改造后，BMCR 工况下除尘器出口烟气量为 $2037600m^3/h$，烟气温度 134℃，脱硝改造新增阻力 400Pa，脱硫改造新增阻力 1730Pa，余热利用装置（布置引风机后）新增阻力 600Pa。

（2）BMCR 工况下烟气参数。

入口烟气量：引风机入口烟气量与除尘器出口设计烟气量保持一致，单台引风机入口流量 $Q=283m^3/s$。

入口烟气密度：引风机入口烟气密度选取标态烟气密度（$1.32kg/m^3$）折算值，取 $0.8184kg/m^3$。

入口烟气温度：引风机入口烟气温度与除尘器出口设计烟气温度保持一致，取 134℃。

引风机全压：引风机全压为试验测得原烟气系统（炉膛至烟囱）总阻力与超低排放改造新增阻力之和，$P_{全压}=9530Pa$，其中引风机入口压力为 $-4480Pa$。

（3）引风机改造方案。原有引风机与增压风机 BMCR 工况下全压之和为 7297Pa，TB 工况下全压之和为 9088Pa，原有引风机、增压风机无法满足要求，若考虑引增合一改造，具体参数如下：

在 BMCR 工况下，压头 $P=9530Pa$，流量 $Q=283.0m^3/s$，BMCR 工况引风机入口温度按 134℃，温度取 10℃余量，功率 $N=4200kW$；在 TB 工况下，按规范要求压头取 20%余量，$P=11436Pa$，流量取 10%余量，$Q=322.4m^3/s$。

41. 湿法脱硫工艺中吸收塔液位对脱硫系统有哪些影响？

答：对于湿法脱硫工艺，无论是单塔还是双塔均涉及吸收塔液位设计，通常，有正常液位（H）、最低液位（$H-0.5m$）、最高液位（$H+0.5m$）三种。液位设计的合理性主要影响如下：

（1）石膏氧化时间，通常脱硫石膏氧化时间要求不低于 15h。对于直径确定的吸收塔，若设计液位偏低，会造成吸收塔浆池容积较小，进而导致石膏氧化时间不足，使得石膏品质不佳。

（2）氧化风系统，吸收塔液位的设计直接影响脱硫氧化风系统效果。对于确定氧化风管网（或矛枪）布置位置，若吸收塔液位偏高，相当于增加氧化风系统阻力，会造成氧化风机出力不足等问题；若吸收塔液位偏低，虽减少氧化风系统阻力，但可能会造成氧化风逃逸，进而影响脱硫氧化效果。

（3）脱硫效率。对于确定的浆液循环泵，若吸收塔液位偏低，相当于增加浆池液面与喷淋层之间高度，需要浆液循环泵提供较高的压头，此时浆液循环泵流量会降低（根据浆液循环泵特性曲线），进而影响雾化效果，降低液气比，造成脱硫效率降低。

综上所示，吸收塔液位设计是脱硫工艺设计中关键参数之一。其合理性直接影响氧化风系统、石膏品质、脱硫效率。

42. 超低排放"石灰石-石膏"湿法脱硫改造中单塔和双塔方案该如何选择？

答： 对于超低排放改造，"石灰石-石膏"脱硫改造选择单塔或双塔方案建议如下：

若吸收塔入口 SO_2 浓度在小于或等于 $3000mg/m^3$（标态、干基、$6\%O_2$，下同）条件下，建议采用高效单塔脱硫技术（如托盘塔、旋汇耦合塔等）实现脱硫装置出口 SO_2 超低排放限值要求，若现有吸收塔流速较高（如 $4.8m/s$ 以上），建议考虑除雾器区域扩径满足协同除尘要求。

若吸收塔入口 SO_2 浓度大于或等于 $6000mg/m^3$ 条件下，建议采用单塔双循环或双塔双循环脱硫工艺实现脱硫装置出口 SO_2 超低排放限值要求，对于双塔双循环脱硫工艺，在场地布置允许条件下，宜选择新增二级塔方案，二级塔设计需考虑协同除尘要求，实际工程中也有单塔（如旋汇耦合）技术实现超低排放案例，业绩相对较小。

若吸收塔入口 SO_2 浓度在 $3000\sim6000mg/m^3$ 条件下，且现

有脱硫系统设备状况较好，同时设计煤质存在一定裕量条件下，可以考虑采用单塔增容改造（如托盘、双托盘、旋汇耦合塔等）方案；若现有脱硫系统设备状况较差（如吸收塔径偏小、浆池容积偏小、喷淋层及喷嘴损坏严重等），建议采用单塔双循环或双塔双循环脱硫技术。

超低排放湿法脱硫改造技术路线一览表见表2-3。

表2-3　　　　　　超低排放湿法脱硫改造技术路线一览表

技术路线	脱硫入口边界条件（mg/m³）		建议改造路线	建议提效措施	备注
路线一	SO₂≤3000	烟尘≤30mg/m³	单塔增容提效	增设均流装置、提供液气比、更换高效除雾装置	烟尘≤40mg/m³情况下，如吸收塔流速、喷淋层效果好以及采用高效除尘除雾装置也可能实现超低
路线二	3000≤SO₂≤6000	烟尘≤30mg/m³	单塔或单塔双循环工艺	增设均流装置、提高液气比、提高喷淋层覆盖率、更换高效除尘除雾装置	对于脱硫装置配置较差（如塔径偏小）或脱硫装置可靠性较高时，也可采用双塔双循环脱硫工艺
路线三	SO₂>6000	烟尘≥30mg/m³	双塔双循环工艺	场地合适，新建二级塔；场地不足，新增一级塔，同时优化二级塔	高硫煤也有采用单塔（如旋汇耦合等）、单塔双循环技术，烟尘浓度过高可采用湿电实现超低排放

43. 场地条件受限时如何开展脱硫改造工作?

答： 随着环保标准逐步提高，脱硫系统设备增加较多，实施超低排放改造后，部分电厂脱硫区域场地受限问题较为突出，对于此类问题，脱硫改造工作建议从以下几方面考虑：

（1）脱硫系统检修工作。根据电厂脱硫系统情况，建议优先开展脱硫系统设备检修，恢复出力工作，一定程度上可减少改造工程量。

（2）增设均流装置。在场地受限情况下，如脱硫场地无新增浆液循环泵空间，建议考虑增设合金托盘、双托盘或旋汇耦合器等均流装置。均流装置具有一定持液能力，可以增强传质效果，降低液气比，具有一定脱硫能力，同时可以均布吸收塔内烟气流场，减少烟气逃逸，提高吸收塔协同除尘能力。

相同脱硫效果下有、无均流装置吸收塔配置对比见表2-4。

表2-4　相同脱硫效果下有、无均流装置吸收塔配置对比

序号	项　目	单位	方案一	方案二
1	入口烟气量（标态，干基，6%氧）	m³/h	1155356	1155356
2	入口SO_2浓度（标态，干基，6%氧）	mg/m³	2205	2205
3	出口SO_2浓度（标态，干基，6%氧）	mg/m³	35	35
4	脱硫效率	%	98.41	98.41
5	浆液循环泵配置	m³/h	4×5783	5×5783
6	均流装置	—	一层合金托盘或旋汇耦合器	无
7	除雾器	级	高效三级屋脊	高效三级屋脊

如表2-4所示，在相同脱硫效果下，一层合金托盘相当一层喷淋层效率，对于场地受限情况，可以考虑增加均流装置实现污染物（SO_2、烟尘）达标排放要求。

（3）循环泵增容改造。脱硫改造通常考虑提高液气比以满足改造要求，在场地受限条件下，可以增加原有浆液循环泵流量方式提高液气比，进而提高脱硫效率，但此方式低负荷工况或实际燃煤硫分低时运行调节性相对较差。

（4）优化布置空间。对于高硫煤地区，脱硫改造可能采用双塔双循环脱硫工艺，可以考虑将新增吸收塔布置在增压风机位置，同时进行引增合一改造。

44."石灰石-石膏"湿法脱硫系统存在新、旧两套脱水系统时，如何实现互为备用？

答：湿法脱硫装置增容改造情况下，可能涉及新增一套脱水系统，形成新、旧两套脱水系统，两套脱水系统实现互为备用设计方法如下：

石膏浆液经过石膏排出泵（1 用 1 备）后通过管道输送至缓冲箱，然后送入石膏脱水继续进而脱水，其中缓冲箱及管路设计有以下两种思路：

（1）在各自吸收塔区域分别新增一个脱硫浆液缓冲箱（按照单塔 1h 石膏浆液量设计），每个缓冲箱对应其中一座吸收塔，两个缓冲箱之间可以互相通过浆液输送泵互相连接（设置 2 台浆液输送泵，1 用 1 备），同时浆液输送泵分别送入各自石膏脱水系统。此思路优势在于两套脱水系统各自脱水同时互为备用，浆液品质不会互相干扰，但改造工作量较为复杂，适用于吸收塔区域空间充足机组。两套脱水系统互为备用图如图 2-1 所示。

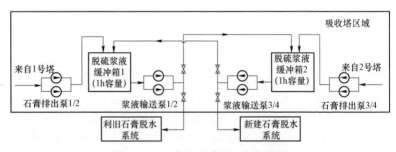

图 2-1　两套脱水系统互为备用图

（2）在新或旧石膏脱水系统其中一个系统附近设置一个石膏缓冲箱（容量宜按照所有机组 1h 石膏浆液容量设计），然后通过旋流站给料泵进入旋流站进行石膏脱水。此思路优势在于改造工程量小，但若一座吸收塔浆液品质出现问题，可能影响所有脱硫装置石膏品质,适用于石膏脱水区域空间充足机组。两套脱水系统互为备用图如图2-2所示。

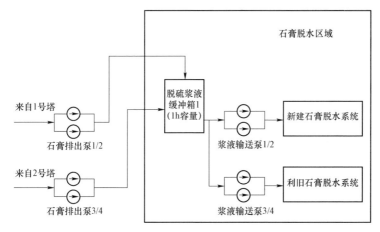

图2-2 两套脱水系统互为备用图

45."石灰石-石膏"湿法脱硫吸收剂制备系统改造如何优化设计?

答:"石灰石-石膏"湿法脱硫系统脱硫增容改造时,需要对吸收剂制备系统进行校核,石灰石浆液制备通常有三种方式:① 外购石灰石块,厂内湿磨研磨制浆;② 外购石灰石粉,厂内搅拌制浆;③ 外购石灰石块,厂内干磨研磨制粉,厂内搅拌制浆。

按照年利用小时5000h,厂用电价0.2366元/kWh,石灰石粉单价152.6元/t,石灰石单价57元/t计,三种不同制浆方案投资及年运行成本见表2-5。

从表2-5可看出,初投资方面,干磨制浆、湿磨制浆、外购石灰石粉制浆投资依次降低,但运行成本方面,外购石灰石粉制浆运行成本最高,湿磨制浆方案运行成本最低,但湿磨制浆、干磨制浆系统相对复杂,故障率相对较高。

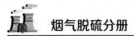

表 2-5　　　　　　三种不同制浆方式投资及运行成本对比

项目	单位	石灰石湿磨制浆	外购石灰石粉制浆	石灰石干磨制浆
1. 投资				
设备购置费	万元	506.9	106.8	848
安装工程费	万元	199.2	97	238.9
土建费用	万元	298.5	66	348
总投资	万元	1004.6	269.8	1434.9
2. 运行成本				
电费	万元/年	130.4	12.5	171.5
石灰石费	万元/年	664	1777	664
折旧维护费	万元/年	72.8	19.5	104
总运行成本	万元/年	867.2	1809	939.5

对于改造项目，场地、石灰石（粉）采购结构等因素也是制约脱硫吸收剂系统改造因素。如对于场地紧张机组，可选择外购石灰石粉制浆方案；对于外购石灰石粉难度较大（如西南部分地区），可选择湿磨制浆方案。对于采用炉内喷钙与炉外湿法联合脱硫工艺，可选择干磨制备粗、细粉，满足脱硫要求。但需要注意两种方式匹配性，避免出现炉内石灰石耗量较少，粗粉堆积较多，造成系统无法正常运行问题。

46. 超低排放单塔脱硫改造中吸收塔系统改造内容包括哪些？

答：超低排放下，脱硫装置需要承担脱硫及协同除尘作用，对于单塔脱硫改造而言，吸收塔改造主要内容如下：

（1）流场优化。流场优化主要包括数模和物模工作，开展吸收塔的物模和数模工作主要目的是为均流装置（若有）、喷淋层以及高效除雾器安装提供依据。

（2）均流装置。吸收塔内均流装置主要包括合金托盘（如图 2-3 所示）、旋汇耦合器（如图 2-3 所示）等，可以具有烟气流场均布，增强传质等作用，同时具有一定脱硫作用，其需要满足浆液环境防腐要求（如采用 2205 材质）。

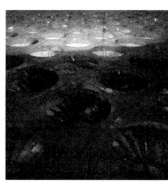

图 2-3　合金托盘（左）和旋汇耦合器（右）

（3）喷淋层。超低排放下喷淋层一方面承担浆液喷淋雾化脱硫作用，另一方面承担烟气中颗粒物的洗涤作用，故喷淋层覆盖率宜按照不低于 300%选取。

（4）浆液循环泵。浆液循环泵的选择主要包括流量、扬程。浆液循环泵流量通过烟气量、液气比以及循环泵数量确定；扬程为吸收塔液面至喷淋层高位差、喷淋层及喷嘴阻力之和。

（5）高效除雾器。主要作用为拦截脱硫后液滴、颗粒物等，对协同除尘工作至关重要。高效除雾器主要包括高效屋脊式除雾器、管束式除雾器、冷凝式除雾器、声波团聚式除雾器等。安装高效除雾器吸收塔颗粒物脱除效果优于安装常规除雾器吸收塔颗粒物脱除效果。

（6）浆池改造。吸收塔浆池改造一方面满足浆液循环停留时间要求，另一方面满足石膏结晶时间要求。在满足石膏结晶时间条件下，浆液循环停留时间宜按照不少于 4min 选取。

（7）扰动设备。一般采用搅拌器或脉冲悬浮泵，扰动设备通常根据浆池容积设计，如浆池容积增大时，搅拌器需要根据比功率、搅拌器数量确定单台搅拌器功率；另外选用搅拌器需注重不同搅拌器布置位置，确保满足脱硫改造要求。

（8）氧化风系统。主要包括氧化风机以及管路。氧化风机风量根据氧硫比（宜按照 3.0 选取）确定；扬程为吸收塔液面值曝气位置高度差与沿程阻力之和。氧化风配风方式有管网式和矛枪式，一般采用搅拌器作为扰动设备且吸收塔液位较低（如新建二级塔）宜采用矛枪式配风，在浆池液位较高（如需要布置双层搅拌器），可考虑选择脉冲悬浮泵。

（9）石膏排出泵。主要包括泵流量、扬程以及数量。通常石膏排出泵流量与石膏旋流站入口流量一致，通常采用 1 用 1 备方式。

47. 双塔双循环脱硫改造中应选择新建一级塔还是新建二级塔？

答：作为高硫煤地区烟气脱硫超低排放改造的关键技术路线，双塔双循环脱硫改造可以新建一级塔也可以新建二级塔。早期脱硫改造主要满足脱除 SO_2 要求，考虑到投资等因素关系，吸收塔配置较低且协同除尘能力相对较低。超低排放改造下，脱硫装置需具有较高脱硫及协同除尘能力，主要建议如下：

（1）在脱硫场地允许，不考虑加装湿式电除尘器的情况下，建议考虑现有吸收塔作为一级塔，新建二级塔方案。从脱硫角度来看，一级塔浆池较大，可以满足石膏产量较大带来的较长结晶时间要求，承担较大脱硫量，二级塔则可以承担较少脱硫量，因此新建二级塔工程量较少，减少新建吸收塔投资；从协同除尘角度来看，新建二级塔重新设计流速、流场等，容易实现协同除尘要求。

需要说明的是，若一级塔浆池容积小，可以考虑抬高浆池液位，增加循环泵等措施。

（2）脱硫场地允许，已设置（或考虑）加装湿式电除尘器的情况下，新建一级塔和新建二级塔均可，但实际运行方式略有差异。若考虑新建二级塔，建议一级塔主要承担氧化作用、二级塔承担吸收作用（一级塔 pH 值控制较高、二级塔 pH 值控制较低），此时主要由一级塔排石膏，新建二级塔尺寸较小，新建二级塔协同除尘效果容易实现，可以节省投资；若考虑新建一级塔，建议一、二级吸收塔脱硫量相当（一、二级塔 pH 值控制趋于一致），此时一、二级塔均需要排石膏，新建一级塔投资相对较少，但需要考虑二级塔（原塔）协同除尘措施。

（3）脱硫场地无新建二级塔空间的情况下，需要考虑新建一级塔，但需要关注两级塔的匹配以及脱硫二级吸收塔协同除尘效果。对于二级塔协同除尘可选择优化喷淋层、增加均流装置、更换除雾器为高效除尘除雾装置（如高效三级屋脊式、管束式、冷凝式高效除尘除雾装置等）等措施。

48. 双塔脱硫改造项目如何有效降低停炉施工工期？

答：燃煤机组脱硫超低排放改造后，对于高硫煤地区，双塔双循环脱硫工艺较多，需要新建一座吸收塔，通常工期为 4～6 个月。因此，若能减少停炉施工工期，对保证机组发电量具有重要意义。

一般情况下，建议双塔双循环改造项目分两次停炉施工，新建二级塔和新建一级塔主要工作略有差异：

对于新建二级塔方案（如图 2-4 所示）：

（1）第一次停机：完成引增合一改造（若有）、原塔部分改造（包括原烟道、净烟道方向调整、部分设备的更换）、临时烟囱增设。其中主要工期受限于引增合一改造，而临时烟囱、烟道等设备可以在停炉前预制，停机期间进行安装；另外，临时烟囱

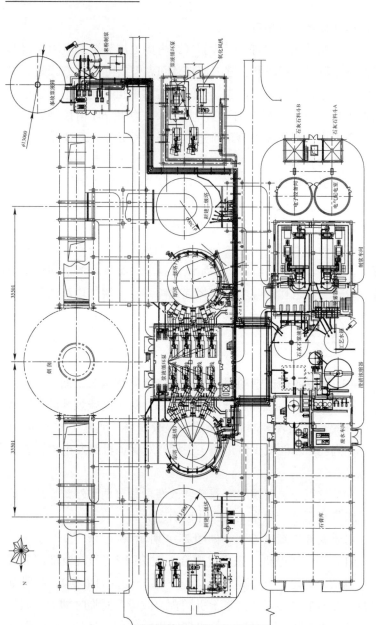

图 2-4 新建二级吸收塔布置方案

可以考虑布置在吸收塔顶部（此时需要考虑吸收塔强度校核），也可以不考虑布置吸收塔出口净烟道上（此时需要考虑烟道支架及基础校核），完成此部分改造后锅炉正常运行，此部分停炉需要50天左右。

（2）第二次停机：完成两级塔之间联络烟道以及二级塔至烟囱之间净烟道联接，此部分停炉需要15天左右。两次停炉期间新增吸收塔及附属设备建设、联络烟道、净烟气烟道预制工作。

对于新建一级塔方案（如图2-5所示）：

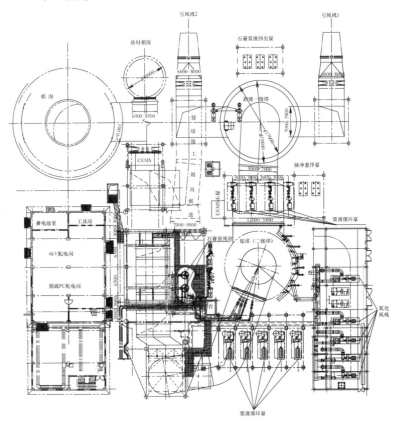

图2-5 新建一级吸收塔布置图

65

　　新建一级塔布置方案与新建二级塔布置方案主要差异在于第一次停机期间需要考虑引风机与原塔（改造后二级塔）之间临时联络烟道，以保证新建一级塔施工期间，机组能够正常运行。其他方面与新建二级塔一致。

49. 双塔双循环脱硫系统中水平衡如何实现？

　　答：脱硫系统水耗主要由烟气带水、石膏带水、脱硫废水排放以及"跑冒滴漏"水等组成；脱硫系统补水主要由吸收剂制备用水、除雾器冲洗水、滤饼和滤布冲洗水、氧化风减温水、管道冲洗水等组成，对于设备开式循环冷却、机械密封水，也属于脱硫系统补水。

　　采用双塔双循环脱硫工艺时，脱硫系统水平衡破坏主要原因如下：

　　（1）一、二级塔除雾器冲洗控制不合理。为保证吸收塔出口烟尘指标，实际运行中增加冲洗频率，导致除雾器补水过量；高负荷工况吸收塔补水仅单阀门除雾器冲洗补水。

　　（2）脱硫装置设备冷却水、机封水处于开式循环，此部分水直接进入脱硫系统，相当于脱硫系统补水。如氧化风机冷却、浆液循环泵机械密封、冷却，小泵等机械密封、冷却等工业用水处于开式循环，直接进入附近地坑。

　　（3）其他系统水进入脱硫系统，如化学系统废水过量进入脱硫系统。

　　以某 350MW 机组脱硫系统水平衡为例，保证双塔双循环脱硫吸收塔水平衡主要措施可以从以下方面考虑，具体见表 2-6。

表 2-6　　　某 350MW 脱硫系统水平衡优化前后对比表

	项　目	单位	改造前	改造后	优化措施
系统进水	原烟气含水	t/h	76.03	76.03	
	制浆水	t/h	6.17	0	滤液制浆
	氧化风机冷却水	t/h	2	0	冷却水回收
	真空泵冷却和滤布冲洗水	t/h	6.38	6.38	
	泵的机封冷却水	t/h	6.04	0	机封水回收
	氧化风减温水	t/h	3	3	
	除雾器、湿电冲洗水	t/h	28.8	28.8	
	管道冲洗水	t/h	2.08	2.08	
	总计	t/h	130.5	116.29	
系统出水	净烟气带水	t/h	105.2	105.2	
	石膏结晶水	t/h	2	2	
	脱硫废水排放	t/h	23.3	9.09	减少废水排放量
	总计	t/h	130.5	116.29	

50. 超低排放后如何提高湿法脱硫系统的可靠性？

答：通常超低排放下湿法脱硫系统承担两方面任务：一方面脱除烟气中 SO_2，实现 SO_2 浓度超低排放；另一方面具有协同洗尘作用，实现烟尘超低排放或降低烟尘浓度。提高超低排放下湿法脱硫系统可靠性可以考虑以下四方面工作：

（1）严格控制入炉煤煤质：针对入炉煤收到基硫分、灰分以及低位发热量指标重点监管。若配煤原因造成脱硫装置入口 SO_2 浓度超出设计范围，可以考虑适当提高浆液 pH 值等措施；若配煤原因导致灰分超出设计值较多，一方面可提高除尘器出力（如电除尘器提高二次电流等），另一方面增加除雾器冲洗频率，必要时可适当降低机组负荷。对于单塔超低排放改造后煤质控制尤为重要。

（2）重视石灰石品质、吸收塔浆液及石膏品质等指标化验工作：吸收塔浆液 pH 值不宜控制过高（如单塔工艺中，浆液 pH 值不宜超过 6.0），浆液密度不宜超过运行规程要求值，定期化验浆液中亚硫酸盐、氯离子含量等；定期化验石膏成分，若浆液中亚硫酸盐含量偏高时，应分析氧化风量是否满足要求，若石膏中硫酸盐含量偏低时，应分析石灰石品质是否异常等。

（3）湿法脱硫系统设备的轮换性：如定期轮换使用供浆泵，定期轮换投运磨机（若有），定期轮换使用氧化风机等。

（4）密切关注除雾器压差，定期冲洗各级除雾器。对于低负荷工况出现除雾器压差高，需要保证除雾器冲洗频率（若液位增高，可考虑将吸收塔内部分浆液临时导入事故浆液箱，待机组负荷升高后，逐渐导入吸收塔内消化），严禁吸收塔补水采用单阀门冲洗补水方式，应采用顺控冲洗除雾器补水，避免造成除雾器堵塞等问题。

51.“两炉一塔”改造成“一炉一塔”有哪些注意事项？

答：早期脱硫设计主要考虑投资和场地等因素，300MW 及以下机组存在“两炉一塔”配置情况。烟气超低排放实施后，对于脱硫系统运行可靠性、稳定性要求更高，部分机组脱硫系统由“两炉一塔”改造成“一炉一塔”，改造的注意事项如下：

（1）从脱硫角度，对于原吸收塔（大直径吸收塔）而言，满负荷工况下，烟气量降低约一半，烟气流速降低约一半，烟气流速降低影响 SO_2 与石灰石反应的传质效率，不利于脱硫。另外，由于烟气量降低约一半，液气比提高幅度较大。因此，需要校核原吸收塔脱硫效果是否满足要求，若不满足要求，可考虑新增浆液循环泵或增加增效装置（如托盘等）。

（2）从协同除尘角度，烟气流速降低过多会影响脱硫系统的洗尘效率，主要有两种解决方案：一是建议重点关注原吸收塔喷淋层覆盖率、喷淋层喷嘴是否可利旧，是否可以增加均流装置均布流场等措施，同时关注除雾器选型，新除雾器具有适应机组负荷（烟气流速）变化能力；二是建议吸收塔后加装湿式电除尘器。

（3）对于新建吸收塔而言，主要考虑脱硫及其协同除尘效果，可以从流场优化、设备选型等角度分析。

（4）一般"两炉一塔"采用双增压风机情况较多，改造后原塔流速降低，烟气系统阻力降低。通常增压风机可以利旧考虑，此时建议设置增压风机旁路，增压风机旁路宜按照50%负荷烟气量设计，同时配置高压密封风机和加热器，以及增压风机进、出口挡板门，以便增压风机的在线检修。

（5）对于新建吸收塔，重点关注原增压风机利旧可行性。一般新建吸收塔直径适宜，流速一般在3.5m/s左右，原增压风机利旧可能性较小。若可以利旧，建议参考上述方式设置增压风机旁路；若无法利旧，可以考虑增压风机增容改造或者进行引增合一改造。

52. 湿法脱硫系统管道材质如何选择？

答：湿法脱硫系统管道按照输送工质类别可以分为浆液输送管道（如石灰石供浆管道，吸收塔浆液循环泵管道，石膏排出泵管道等）；水输送管道（如除雾器冲洗水管道，循环泵和氧化风机机封水管道，事故喷淋水管道等）；气输送管道（如氧化空气管道，吸收塔内氧化风管道，仪用压缩空气管道等）。

针对浆液输送管道材质选择主要考虑耐腐蚀性和耐磨性。由于浆液呈现酸性，可以考虑选择碳钢衬胶管道或者衬陶瓷管道，实际上两者混用也有。对于吸收塔内喷淋层管道可以采用碳钢内外衬胶管道、玻璃钢管道。

针对水输送管道，尽管湿法脱硫系统输送水分为工艺水、工业水等，由于水对管道基本没有腐蚀性，因此管道可以按照碳钢材质或不锈钢材质进行选取。

针对气输送管道，氧化风机输送管道可以部分选择碳钢材质和部分碳钢衬防腐材质，吸收塔内部氧化空气管道需要考虑耐腐蚀材质。实际工程中有采用玻璃钢管道、2205 合金钢材质管道、1.4529 材质管道以及 C276 材质管道，四种材质耐腐蚀性强度依次增加，造价也是依次增加，其中对于管网式配风管道，玻璃钢材质管道可能出现断裂现象，通常宜采用 2205 材质管道。仪表用压缩空气管道可选择不锈钢材质管道。

实际上，电厂根据自身的湿法脱硫系统运行经验，对不同介质输送管道材质选择也存在一定差异性。

53. 高效喷淋层设计与安装有哪些注意事项？

答：高效喷淋层设计主要包括不同喷淋层之间角度、喷淋层的间距、喷淋层覆盖率、喷嘴角度及其型式的选择，建议如下：

（1）尽量在湿法脱硫改造前开展拟改造吸收塔的数模和物模工作，根据数模和物模的结果确定喷淋层之间角度，实现吸收塔内烟气最大化均布（对于喷淋空塔更为重要），避免形成烟气走廊造成的脱硫效率下降。

（2）喷淋层间距宜按以下高度选取：对于喷淋主管小于 DN800 规格时喷淋层间距不低于 1.8m；喷淋主管大于或等于 DN800 时喷淋层间距不小于 2m。底层喷淋层中心距离烟气入口顶部宜不小于 3m。

（3）超低排放改造中喷淋层覆盖率不宜低于 300%，对于最高喷淋层喷嘴宜采用单向喷嘴，其余（除最高层以外）喷嘴可以选用双向喷嘴或单向喷嘴；喷嘴角度宜按照 120°选取，吸收塔壁宜按照 90°选取，避免对吸收塔内壁造成冲刷。

此外，高效喷淋层安装宜喷淋层支管与喷嘴模块化制作，整体安装于吸收塔内，如果喷淋层支管与喷嘴无法同步安装，建议对喷嘴安装角度进行严格把控，喷嘴的安装直接影响到脱硫系统效果。

54. "石灰石－石膏"湿法脱硫氧化风系统改造如何优化设计？

答："石灰石－石膏"湿法脱硫工艺氧化风系统设计主要包括氧化风机、氧化风管路以及喷水减温系统等。氧化风机型式主要有罗茨式和离心式两种，配风方式主要分为矛枪式和管网式两种。

对于改造项目，氧化风机系统主要核算氧化风量和压头是否满足要求。

（1）对于单塔单循环脱硫工艺改造项目，若核算后氧化风量能够满足要求，氧化风机压头不满足要求，建议改为管网式配风方式或将管网位置适当提高，以保证氧化风机压头运行要求；若核算后氧化风量不满足要求，建议更换氧化风机或新增氧化风机。氧化风机型式需要技术经济比较后确定罗茨式还是离心式，若对噪声控制要求较高时，建议优先选择离心式氧化风机。

（2）对于双塔双循环脱硫工艺改造项目，建议采用一、二级吸收塔氧化风机公用方式，通过管网阀门联络两级吸收塔，中间设置调节阀门，可以减少投资成本。原则上一、二级塔配风方式选择矛枪式或管网式均可，但对于新建二级塔浆池液位较低（一般 7.5m 以下）时，建议二级塔配风方式优先选择矛枪式配风，以保证脱硫系统安全、稳定运行。

（3）对于氧化风减温水，建议采用水质较好的工业水，以降低氧化风管结垢堵塞风险。

（4）一般矛枪式配风与搅拌器组合使用，可以保证氧化风分布较为均匀，而管网式配风可以与搅拌器组合使用，也可以与脉冲悬浮泵组合使用。在实际改造过程中，无论采用矛枪式还是管网式配风，吸收塔塔内氧化风管布置较为关键，确保氧化风在浆液内均匀分布是保证脱硫效果重要因素之一。

55. 湿法脱硫改造中如何有效降低烟风系统阻力？

答：湿法脱硫系统改造烟风系统阻力主要由烟道沿程阻力、设备（如喷淋层、托盘等）阻力以及局部（如烟道变径、弯头等）阻力组成。故烟风系统阻力优化一方面可以考虑优化烟道、吸收塔设计，降低脱硫烟风系统沿程阻力；另一方面可以考虑优化设备选型和安装，降低设备选型和安装不合理造成的阻力增加。具体措施如下：

（1）合理控制烟道流速。通常认为烟风系统阻力与流速的平方成正比，对于确定机组负荷，暂认为烟气流量不变。因此，若使得烟道阻力合理，烟道尺寸不宜过小，根据《火力发电厂烟风煤粉管道设计技术规范》（DL/T 5121—2000）推荐烟道流速为10～15m/s。一般情况吸收塔进、出口烟道不宜超过15m/s。

（2）优化烟风系统设施布置方式。对于脱硫改造空间有限的区域，尽量烟道减少直角弯道数量，若无法避免可以考虑增加导流板等措施。对于串塔改造方案，通常烟道改造范围较大，可以优化两级吸收塔布置，尽量减少两级塔之间的烟道的直角弯头或相应增加导流板措施，可以降低烟道阻力。

（3）合理设计吸收塔尺寸。对于吸收塔直径设计主要考虑脱硫和协同除尘两方面，选择合适吸收塔直径，可以确保烟气流速处于合理范围内，吸收塔阻力较为合理。

（4）优化设备选型。优化脱硫烟气系统中设备选型可以有效降低局部阻力，如吸收塔改造考虑设置合金托盘，需要注重开孔率的选择，开孔率选择偏差会造成阻力增加；对吸收塔除雾器选择也十分重要，一方面吸收塔除雾器对协同除尘具有重要作用，另一方面除雾器选型不合理也会使得吸收塔增加阻力较多。

（5）严格控制安装工程质量。湿法脱硫改造过程过程中安装质量对系统阻力也有一定影响，如对于烟道的安装未按照设计设置导流板或者导流板安装不合理，会造成烟道阻力增加较多。

56. 增压风机旁路必要性及其优化设计？

答：随着环保要求逐步提高，燃煤锅炉脱硫装置烟气旁路基本全部拆除。通常采用原烟道与净烟道留出一段 0.5m 以上的物理隔离空间，并对原、净烟气烟道进行封堵方式。

一般情况，燃煤锅炉脱硫装置仅设置一台增压风机，脱硫装置烟气旁路取消后，增压风机成为主机烟风系统的一部分，增压故障时可能直接引起机组非停。烟气超低排放改造后对机组可靠性要求进一步提高，若能设置增压风机旁路，当增压风机故障时，迅速打开旁路，锅炉降负荷，引风机克服整个烟风系统的阻力，不会导致机组停机，待增压风机故障消除后（可以处理增压风机烟筒外的故障，如电动机、油站、电气、控制等），增压风机还可以零流量正常启动。另外，机组低负荷时，还可以停运增压风机达到节能的目的。因此，设置增压风机旁路是必要的。

对于增压风机旁路烟道设计，需要综合考虑投资经济和安全稳定运行两方面因素。以某 300MW 机组为例，增压风机旁路烟道设计如下：

（1）基础参数：该机组引风机 BMCR 工况全压 5300Pa，增压风机 BMCR 工况下全压 3350Pa，烟气超低排放改造后烟气系统总阻力 7250Pa。

（2）增压风机旁路烟道设计：超低排放改造后引风机 BMCR 工况全压能够满足不超过 70%BMCR 工况烟气系统阻力要求，但考虑到长期运行引风机出力有所降低，且各设备阻力（如空气预热器堵塞等）存在进一步增加可能性，因此，对于增压风机旁路容量的设置，从投资经济性和运行角度来看，设置 50%烟气量增压风机旁路烟道能够满足要求。

（3）增压风机旁路烟道附属设备：增压风机旁路烟道设计时需要设计一台烟气挡板门，2台密封风机（1用1备），1台加热器。

（4）增压风机旁路烟道布置：在增压风机入口烟道上部开孔，跨过增压风机上部，将烟道连接至增压风机出口烟道，增压风机旁路由现有增压风机支架加固并向上延伸来支撑（如图2-6所示）。

图2-6 增压风机旁路位置示意图

57. 如何评价"引增合一"改造对锅炉炉膛安全影响？

答：烟气超低排放改造可能涉及增设低低温省煤器、增加催化剂层、新建吸收塔等措施，烟气系统阻力增加幅度较大。若考虑引增合一改造时，引风机压头通常较高（可高达10kPa以上），若因操作不当（如在锅炉高负荷运行时，发生MFT时，由于烟气系统流量瞬间减少，根据引风机特性曲线，引风机压头进一步增加，此时作用在炉膛负压降幅较大）炉膛存在一定安全风险，因此，建议引增合一改造后对炉膛安全性进行评估。

依据DL/T 5240—2010《火力发电厂燃烧系统设计计算技术规程》，以轴流式引风机改造为例，具体评估方法如下：

74

某轴流式引风机性能曲线如图 2-7 所示（图中"1"为 TB 工况点，"2"为 BMCR 工况点）。

序号	$v_1(m^3/s)$	$Y(J/kg)$	$p(Pa)$	$\rho(kg/m^3)$
1	322.4	13 868.0	11 436.0	0.790 4
2	283.0	11 242.0	9530.0	0.818 4

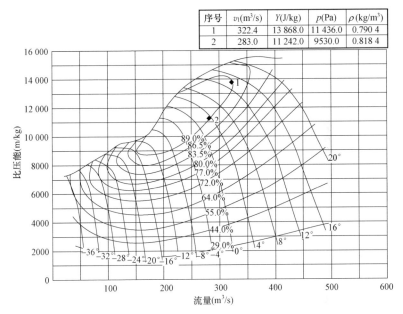

图 2-7　某 300MW 机组"引增合一"改造后引风机性能曲线

按 BMCR 工况等开度失速点 S_0 核算炉膛最大负压，即：

由初步拟定的性能曲线（见图 2-7），BMCR 工况叶片开度约为 3°，沿等开度线的失速点为 S_0；

$$P_{S_0} = Y_{S_0} \times \rho / \varphi = 14\,987\,\text{Pa}；$$

$$H_{S_0} = 5702\,\text{Pa}；$$

$$p = -\left[P_{S_0} - H_{S_0} \right] = -9285\,\text{Pa}；$$

式中　　S_0——引风机 BMCR 工况等开度失速点；

Y_{S_0}——引风机 BMCR 工况等开度失速点比压能；

ρ——引风机 BMCR 工况下烟气密度；

φ——压缩性修正系数；

P_{S_0}——引风机 BMCR 工况等开度失速点折算至环境温度下压力；

H_{S_0}——引风机 BMCR 工况等开度失速点烟气系统阻力；

p——引风机 BMCR 工况下等开度失速点环境温度下炉膛压力。

按风机零流量点核算炉膛侧最大负压，即

$$p_0 = P_{S_0} \times Y_0 / Y_{S_0} = 8569 \mathrm{Pa} ;$$

因零流量时系统流动阻力基本接近零，炉膛最大负压为（－）$P_0 = -8569 \mathrm{Pa}$。

式中　Y_0——引风机"零"流量工况点比压能；

Y_{S_0}——引风机 BMCR 工况等开度失速点比压能；

P_{S_0}——引风机 BMCR 工况等开度失速点折算至环境温度下压力；

P_0——环境温度下引风机"零"流量工况点炉膛压力。

根据以上核算结果，炉膛极端恶劣工况最大负压值为 $-9285 \mathrm{Pa}$，炉膛设计瞬态承压为 $\pm 8.7 \mathrm{kPa}$，故炉膛承压不满足安全要求。由上述案例可知，超低排放改造后由于新增环保设施，阻力增加后可能对锅炉炉膛安全性有一定影响，建议在风机设计选型中，结合具体情况评估锅炉炉膛安全性。

58. "石灰石–石膏"湿法脱硫改造工作中工艺水系统如何改造？

答："石灰石–石膏"湿法脱硫装置工艺水系统改造主要依据脱硫系统水平衡设计。脱硫系统工艺水主要用于吸收剂制备、除雾器冲洗（吸收塔补水）以及管道冲洗等方面，工艺水系统改造主要涉及工艺水箱、工艺水泵以及除雾器冲洗水泵，具体建议如下：

（1）工艺水箱：一般湿法脱硫系统工艺水来源较为稳定，根据脱硫设计规范，工艺水箱总容积满足脱硫系统水耗的 0.5～1h 为宜，实际上考虑到机组负荷、煤质波动情况，通常工艺水箱总容积略低于 0.5h 也能满足要求，故此情况也可以考虑利旧原工艺水箱。

（2）工艺水泵宜采用离心式水泵，建议 2 座吸收塔设置 2 台工艺水泵（1 用 1 备），工艺水泵流量应满足机组最大负荷脱硫系统用水，工艺水泵流量裕量不低于 10%，工艺水泵扬程裕量不低于 15%。

（3）除雾器冲洗水泵单独设置为宜。除雾器冲洗水泵设计主要考虑水泵数量、单台泵流量和扬程。① 水泵数量宜单座吸收塔设置 1 台，2 座以上吸收塔建议设置 1 台公用泵，必要时（如采用串塔公用），可单元机组设置 2 台水泵（1 用 1 备）；② 流量选择：假定单个喷嘴流量 $1.68m^3/h$，最长跨布置喷嘴数量为 70 个，因此瞬间最大冲洗水量为 $1.68 \times 70 = 118m^3/h$，假定除雾器冲洗水泵流量系数取 1.1，则除雾器冲洗水泵选型流量按照 $118 \times 1.1 = 130m^3/h$；③ 扬程选择：水泵扬程要以工艺水箱最低液位值除雾器冲洗喷嘴出口全压为基础，裕量不宜低于 1.15 倍。

59."节水型"湿法脱硫系统如何设计？

答："节水型"湿法脱硫系统的设计主要从降低脱硫系统水耗和净烟气中水收集两方面开展工作：

（1）降低脱硫系统水耗工作。湿法脱硫系统水耗主要由烟气带水、石膏带水以及脱硫废水组成。其中烟气带水占最大比例，若能有效降低脱硫系统烟气带水，可以减少脱硫系统补水，实现"节水型"湿法脱硫系统。

通常，可以考虑干式除尘器前布置低（低）温省煤器或脱硫系统前布置深度余热利用装置（如图 2-8 所示），降低原烟气温度，降低烟气与浆液焓差，从而减少烟气带水量，从而降低脱硫系统水耗。

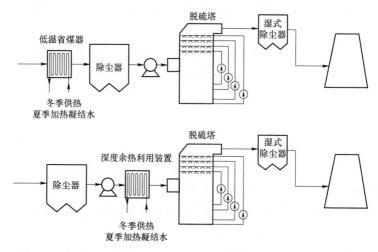

图 2-8　低低温省煤器（上）和深度余热利用装置（下）布置方式图

另一种降低脱硫系统水耗方式，可以考虑优化脱硫系统补水，如尽量采用滤液制浆方式。在保持浆液品质条件下，若实现全部采用滤液制浆方式会大幅降低进入脱硫系统水量。实际运行中，也存在浆液循环泵机械密封水、真空泵冷却水等直接进入附近地坑的情况，可以考虑将此部分水量回收于工艺水箱，也可以降低脱硫系统补水，实现"节水型"湿法脱硫系统。

（2）净烟气中带水收集工作。对于水资源匮乏区域（如西北地区）或开展烟羽综合治理改造工作的项目，可以考虑在脱硫系统出口或浆液循环泵出口管道布置换热器（如图 2-9 所示），可以降低烟气中水分含量，减少净烟气带水，减少脱硫系统补水，从而实现"节水型"脱硫系统设计理念。

实际，上述两方面工作均可以实现"节水型"脱硫系统设计理念，但需要与脱硫系统水平衡控制相结合，避免出现过量节水带来的脱硫系统水平衡破坏问题。

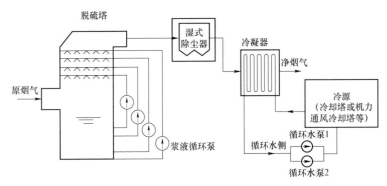

图2-9　塔外冷凝器布置图

60. 湿法脱硫吸收塔密度计和pH计的安装位置如何考虑?

答：湿法脱硫系统pH计和密度计的准确性、可靠性对整个脱硫系统脱硫效率影响较大，因此pH计和密度计安装位置至关重要。

pH计依靠原电池原理测量浆液中氢离子浓度，并转换为电信号实现浆液pH值测量。通常pH计可以考虑布置在吸收塔塔壁、石膏排出泵管道、塔外综合泵测量装置等位置，不同布置位置特点见表2-7。

表2-7　　　　　吸收塔浆液pH计不同安装位置特点

布置位置	优　点	缺　点
吸收塔塔壁	安装相对简易； 可以直接测量吸收塔浆液pH	阀门开度控制难度大，容易堵塞、结垢

布置位置	优　点	缺　点
石膏排出泵管道	基本能够解决堵塞问题；基本能够反应浆液密度	泵出口压力较大、浆液对电极磨损较大，降低密度计使用寿命；石膏泵连续运行，增加能耗
塔外综合测量装置	堵塞、结垢风险低；基本能够反应浆液密度；提高密度计使用寿命	存在一定磨损

　　密度计依据测量原理可以分为放射性密度计、接触式密度计、静压式密度计等，其中放射性密度计依靠放射性同位素实现密度测量，接触式密度计主要是布置在塔内通过高度差测量密度，静压式密度计通过引浆液至塔外浆液测量装置测量密度。不同布置方式特点见表 2－8。

表 2－8　　　　　　　　不同吸收塔浆液密度计特点

名称	优　点	缺　点
放射性密度计	安装方便；测量精度较高	放射性物质对环境有污染；密度计价格高
接触式密度计	无放射性污染问题；同时能够测量液位	长期布置浆液中，磨损较大；容易出现堵塞浆液问题
静压式密度计	无放射性污染问题；基本无堵塞问题；密度计使用寿命较高	存在一定磨损

　　实际上，由于浆液容积较大，通过 pH 计和密度计精确反应浆液 pH 值和密度存在一定难度，整体而言，塔外综合测量装置安装 pH 计和密度计具有一定优势，建议将 pH 计和密度计安装在塔外综合测量装置内，具体布置方式如图 2－10 所示。

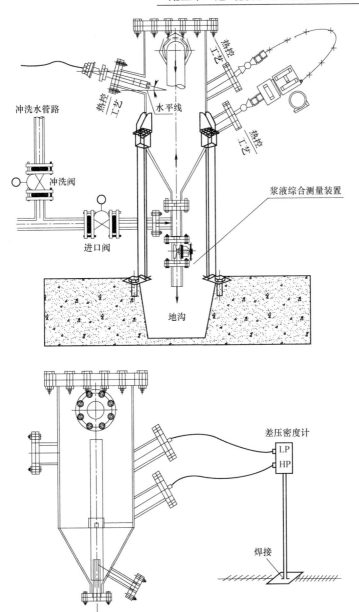

图 2-10 塔外综合测量装置 pH 计和密度计布置方式

61. 脱硫超低排放改造中 CEMS 表计该如何选取?

答: 脱硫超低排放改造中 CEMS 表计选择与前部除尘装置、脱硝装置改造情况密不可分,脱硫入口 CEMS 表计主要测量参数有 SO_2、O_2、温度、压力、烟尘浓度（也可布置在干式除尘器出口烟道处）等;脱硫装置（或湿式除尘器）出口 CEMS 表计主要测量参数有 NO_x、SO_2、O_2、烟尘浓度、温度、压力、湿度以及烟气流量。

脱硫超低排放改造 CEMS 表计选取建议参考以下原则:

（1）建议选用具有国家质监部门和国家环保部门认证资质 CEMS 仪表厂家。

（2）CEMS 选取应满足 HJ76—2017《固定污染源烟气（SO_2、NO_x、颗粒物）排放连续监测系统技术要求及检测方法》、HJ75—2017《固定污染源烟气（SO_2、NO_x、颗粒物）排放连续监测技术规范》要求。

（3）对于原烟气污染物（SO_2、烟尘）仪表量程选择主要考虑脱硫前污染物（SO_2、烟尘）排放浓度,以某电厂脱硫入口 SO_2、烟尘浓度分别为 2000、$25mg/m^3$ 为例,建议 SO_2、烟尘仪表量程按照 0～4000、$0～50mg/m^3$ 选取。

（4）对于净烟气 CEMS 仪表量程选择需要考虑污染物排放浓度要求,以某电厂烟囱入口污染物 NO_x、SO_2 及烟尘排放浓度分别不高于 50、35、$5mg/m^3$ 为例,建议 NO_x、SO_2 及烟尘仪表量程分别按照 0～100、0～50、$0～10mg/m^3$ 选取。

（5）对于净烟气烟气流量测量装置,常规单点测量装置基本难以满足烟气流量测量精度要求,建议采用矩阵式流量测量装置,矩阵式流量测量装置具体测点数量需根据烟道尺寸确定,同时兼顾烟气流速量程选择。

（6）对于压力测量表计,在满足正常使用条件下,建议利旧考虑。

（7）由于部分地区已发布烟羽综合治理相关政策要求，此时建议净烟气温度和含湿量监测需要满足当地环保部门相关要求。

62. CEMS 表计的安装要求有哪些？

答：通常，烟气 CEMS 表计由颗粒物仪表、气态污染物（NO、NO_2、SO_2）仪表、氧浓度仪表、烟气参数（烟气流量、温度、湿度）仪表等组成，具体安装建议如下：

（1）应尽量避免干扰源影响。如尽量不受光线、电磁辐射影响、烟道振动尽量小、尽量选用适应烟气水雾干扰的探头、尽量避开烟道弯头和断面急剧变化位置等。

（2）CEMS 仪表按照位置一般布置环保设施下游和比对监测孔上游。

（3）优先选择在垂直段和烟道负压区域安装

（4）对于颗粒物仪表，应设置在距弯头、阀门、变径管到下游不小于 4 倍烟道直径，以及距上述部件上游方向不小于 2 倍烟道直径处；对于气态污染物仪表，应设置在距弯头、阀门、变径管到下游不小于 2 倍烟道直径，以及距上述部件上游方向不小于 0.5 倍烟道直径处。对于矩形烟道，其当量直径 $D=2AB/(A+B)$，其中 A、B 为边长。当环保改造项目 CEMS 仪表安装位置不能满足上述要求时，应尽可能选择在气流稳定的断面。

（5）CEMS 表计不宜安装在烟道内烟气流速小于 5m/s 的位置。

（6）若固定污染源排气先通过多个烟道后进入该固定污染源总排气管时，应尽可能将烟气 CEMS 安装在总排气管上，但要便于用手工法校核烟气浓度和烟气流速。不得只在其中一个烟道上安装一套 CEMS，将测定值的倍数作为整个源排放结果，但允许在每个烟道上安装相同的 CEMS 仪表，将测定结果汇总后作为该源排放结果。

（7）CEMS 监测断面下游比对采样孔位置和数目应符合

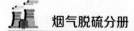

GB/T 16157《固定污染源排气中颗粒物测定与气态污染物采样方法》相关要求，对于现有比对采样孔内径不应小于 80mm，对于新建或改建项目比对采样孔内径不应小于 90mm。对于烟道为正压（如余热锅炉脱硝测孔）或有毒气体时，应采用带闸板阀的密封采用孔。

烟气脱硫系统的运行与维护

63. 脱硫系统主要控制回路包括哪些？

答：运行人员通过对脱硫系统主要控制回路进行运行调整，使脱硫系统在满足环保排放标准的前提下，根据不同负荷、不同入口 SO_2 浓度工况，取得最优的运行经济性。脱硫系统三个主要控制回路包括 pH/石灰石浆液的供给控制回路、吸收塔液位/水平衡控制回路和浆液密度/石膏排放控制回路。

（1）pH/石灰石浆液的供给控制回路。浆液 pH 值是脱硫系统运行控制的关键参数，通过改变供入吸收塔石灰石浆液的流量来实现调整，pH 值的改变直接影响脱硫效率。以单塔单循环脱硫系统为例，pH 值的运行理想区间在 5.0～6.0 之间，运行 pH 值低于设定值范围会导致脱硫效率的降低；运行 pH 值高于设定值范围，脱硫效率短期能够提升，但石灰石耗量增加、副产物石膏品质降低，运行经济性较差。脱硫系统中设置 pH 计在线监测浆液 pH 值，同时实验室应定期对浆液 pH 值进行化验，确保运行 pH 值和石灰石浆液供给的精确控制。

（2）吸收塔液位/水平衡控制回路。吸收塔液位/水平衡控制主要通过在不同负荷、不同入口烟气温度条件下，调整吸收塔补给水、除雾器冲洗水、脱硫废水排放等途径实现。维持吸收塔正常液位对于稳定脱硫效率、维持系统水平衡都至关重要。液位控制过低，则循环浆液量减少，浆液停留时间、石膏氧化时间均下降，从而影响脱硫效率和石膏品质，同时循环泵入口压力过低也会影响喷淋效果，甚至造成循环泵吸入空气造成气蚀；液位控制过高，会造成吸收塔溢流现象，严重时浆液会漫入入口烟道，影响系统安全。

（3）浆液密度/石膏排放控制回路。浆液密度同样是脱硫系统运行控制的重要参数，主要通过控制吸收塔的石膏排放量实现调整，同时调节石膏旋流器返回吸收塔的溢流和底流浆液量也能一定程度上稳定浆液含固量。运行时浆液密度一般控制在 1080～1120kg/m³ 之间，不宜高于 1150kg/m³。浆液密度控制过低，石膏结晶的晶种量不足，会增加结垢发生的概率；浆液密度控制过高，则浆液中石膏比重较大，有助于提高副产物石膏品质，但高含固量会对循环泵、管道阀门等产生较大磨损。

64. 湿法脱硫中为何要严格控制石灰石品质？

答：石灰石的主要成分是 $CaCO_3$，其余成分主要为 $MgCO_3$、Fe_2O_3、Al_2O_3、SiO_2、水分等杂质，杂质的存在会影响脱硫系统的性能和可靠性，具体表现在：

（1）$MgCO_3$ 以固态碳酸镁和白云石（$CaCO_3 \cdot MgCO_3$）两种形态存在，固态碳酸镁与 SO_2 反应生成可溶性 $MgSO_4$，过多的 $MgSO_4$ 形成会抑制石灰石的溶解，恶化石膏品质和脱水特性，同时会导致滤布冲洗水量的增加；白云石基本不溶解，最终以固态废物形态排出系统，增加石灰石耗量，降低石膏品质，同时也会阻碍石灰石的溶解。

（2）SiO_2 含量高会增加湿式球磨机、循环泵、喷嘴和管道的磨损，同时会增加湿式球磨机的运行能耗。

（3）Fe_2O_3、Al_2O_3 等易与浆液中氯离子反应形成络合物，抑制石灰石的溶解，造成石灰石"封闭"现象，降低石灰石反应活性。

《火力发电厂石灰石–石膏湿法烟气脱硫系统设计规程》

（DL/T 5196—2016）中对脱硫石灰石品质有明确规定，具体如下：

（1）石灰石纯度（$CaCO_3$ 含量）不宜低于 90%，不应低于 85%。

（2）碳酸镁含量不宜高于 3.0%，不应高于 5.0%。

（3）含白云石（$CaCO_3 \cdot MgCO_3$）石灰石，白云石含量不宜高于 5.0%，不应高于 10.0%。

（4）二氧化硅含量不宜高于 3.0%，不应高于 5.0%。

（5）水分含量不宜高于 3.0%，不应高于 5.0%。

（6）三氧化二铁含量不宜高于 1.5%。

（7）三氧化二铝含量不宜高于 1.0%，不应高于 1.5%。

65. 湿法脱硫中为何要严格控制浆液 Cl^- 含量？

答：湿法脱硫浆液中 Cl^- 主要有燃料和脱硫工艺水两个来源，此外石灰石中也含有较少的氯。燃料中的氯在燃烧过程中转化为 HCl，在湿法脱硫中基本全部被捕获，主要以 $CaCl_2$ 和 $MgCl_2$ 形态富集在脱硫浆液中；脱硫工艺水中往往含有部分 Cl^-（50～150μg/g），同样以氯化物形态存在。Cl^- 的存在会对湿法脱硫系统运行造成不利影响，脱硫设计时一般要求吸收塔浆液 Cl^- 浓度设计值不高于 20000μg/g，实际运行时往往控制在 15000μg/g，其主要原因在于：

（1）Cl^- 具有极高的极性促进腐蚀反应，同时穿透性较强，易穿透金属表面保护膜，引起金属腐蚀和应力腐蚀，高氯离子浓度运行对吸收塔、管道、烟道和过流部件等材质等级要求更高，导致建设成本增加。

（2）Cl^- 的存在会使浆液中 Ca^{2+} 与之发生反应，而不再与 SO_4^{2-} 反应，抑制了吸收塔内脱硫反应，降低浆液 pH 值，同时其抑制了吸收剂的溶解，使得相同条件下要取得预期的脱硫效率必须得提供更高的液气比，导致石灰石耗量加大，浆液循环泵电耗也相应增加。试验数据表明，当浆液氯化物浓度超过 50000μg/g

时，吸收塔的传质能力将下降 30%～40%。

（3）Cl^- 过高时石膏中 $CaCl_2$ 含量也大大增加，$CaCl_2$ 的存在使得石膏脱水困难，石膏中含水量增加，影响了石膏品质及其销售效益；同时，$CaCl_2$ 黏性较强，易黏附在脱水机皮带上，使得滤布冲洗水量大大增加。

（4）浆液中 Cl^- 过高时易黏附在除雾器表面，导致除雾器冲洗水量大大增加，同时增加了除雾器堵塞的风险，使得吸收塔洗尘效果也大大降低。

脱硫系统中水分蒸发使得 Cl^- 在浆液中不断富集，Cl^- 离开脱硫系统的主要途径是通过石膏浆液中携带和脱硫废水的排放。日常运行时应定期对浆液和石膏中 Cl^- 进行化验分析，在满足环保排放要求、脱硫废水具备后续处理处置措施的条件下合理将脱硫废水从系统中排出，确保湿法脱硫在合理的 Cl^- 浓度氛围下运行。

66. 湿法脱硫中不同系统用水水质有何要求？

答： 湿法脱硫供水系统主要作用是维持整个 FGD 系统的水平衡和转动设备的正常运行，一般由工艺水箱、工业水箱、工艺水泵、除雾器冲洗水泵、工业水泵和管道、阀门等组成。

按照用途划分和用水水质要求，湿法脱硫系统用水主要分为以下四类：

（1）系统补水，包括制浆用水、吸收塔补给水和除雾器冲洗水。脱硫系统补水对于用水水质相对不高，水源可以选用电厂循环水（或循环水补充水）、中水等。

制浆用水和吸收塔补给水需要控制悬浮物、氯离子、有机物及油类物质等成分的含量，为维持系统水平衡，也可以完全采用滤液水回用。为了防止工艺水中悬浮物杂质含量和硬度过高导致的喷嘴堵塞结垢现象，除雾器冲洗水用水水质相对稍高，一般由除雾器冲洗水泵单独提供，根据 JB/T 10989—2010《湿法烟气脱硫装置专用设备　除雾器》要求，建议水质主要指标为：pH 值为 7～8，固体悬浮物含量不超过 1000mg/L，Ca^{2+} 含量不超过 200mg/L，SO_4^{2-} 含量不超过 400mg/L，SO_3^{2-} 含量不超过 10mg/L。

（2）冲洗水，包括浆液循环管道冲洗、供浆管道冲洗、皮带脱水机滤布冲洗、氧化空气管道冲洗、在线仪表（pH 计、密度计、液位计）冲洗、干湿界面冲洗、地面冲洗等，冲洗水用水水质要求不高，一般由工艺水箱通过工艺水泵提供。

（3）设备冷却水，包括增压风机冷却、球磨机冷却水、氧化风机冷却水、氧化风机减温水等，冷却水水质要求较高，由工业水箱提供，来自电厂闭式循环水或除盐水系统。冷却水使用后要求回收利用至电厂闭式循环水系统，或者回收至工艺水箱用作脱硫工艺水使用。

（4）机封和密封水，包括浆液循环泵机封水、小泵机封水和真空泵密封水等，机封和密封水水质要求基本同设备冷却水一致。

67. 什么是指导湿法脱硫系统运行的"两只眼睛"？

答：在脱硫运行中，浆液品质对于脱硫效果至关重要，必须采取有效手段对其进行实时监测，并根据监测结果进行运行调整，而这两只眼睛分别是 pH 计和密度计。

pH 计布置于吸收塔处，用于实时监测浆液 pH 值的变化，并根据 pH 值的高低调整供浆量，从而确保吸收塔浆液品质处于理想状态。当 pH 值偏低时（低于 5.0），通过加大供浆量使 pH 逐渐上升，pH 值的升高可以加快 SO_2 的吸收速度，利于 SO_2 脱除；当 pH 值偏高时（高于 6.0），石灰石的溶解和亚硫酸钙的氧化逐渐受抑制，此时应减少或者停止供浆，使 pH 值恢复到理想区间（5.2～5.8）。

脱硫密度计包括石灰石浆液密度计和吸收塔浆液密度计，石灰石浆液密度计一般安装于石灰石浆液泵出口，用于监测石灰石浆液品质，并有效调整磨煤机出力，石灰石浆液密度一般控制在 $1200\sim1230kg/m^3$ 之间；吸收塔浆液密度计布置于吸收塔处，用于监测浆液密度，并根据结果调整石膏排出和脱水，吸收塔浆液密度一般控制在 $1080\sim1120kg/m^3$ 之间。

68. 湿法脱硫系统 pH 值的最佳运行区间是多少？

答：按照系统配置区别，湿法脱硫系统可分为单循环脱硫系统和双循环脱硫系统，单循环脱硫系统通常采用单一吸收塔，而双循环脱硫系统一般设置两个循环回路，又可以分为双塔双循环脱硫系统和单塔双循环脱硫系统。

对于单循环脱硫系统，脱硫反应中 SO_2 吸收和石膏氧化均在同一吸收塔内完成，此时吸收塔内 pH 值的设置需同时寻找平衡点来兼顾两个反应的顺利进行。当 pH 值小于 5.0 时，有利于石灰石的溶解，石灰石的利用率提高，石膏氧化效果较好，但过低的 pH 值会抑制 SO_2 的吸收，进而影响脱硫效率；当 pH 值大于 6.0 时，SO_2 的吸收速率提高，但石灰石的溶解和石膏的氧化受限，因此单塔单循环脱硫系统的 pH 值最佳运行区间为 5.2～5.8。

对于双循环脱硫系统，其设计理念是考虑到单循环脱硫系统运行中存在的吸收和氧化的矛盾，通过将吸收区和氧化区进行物理隔离来实现 pH 值的分区，使得吸收反应和氧化反应分别处于最佳运行区间。

双塔双循环脱硫系统实现 pH 值分区的技术措施是串联两座吸收塔实现，一级塔侧重于石膏氧化，最佳 pH 值运行区间应为 4.8～5.2，二级塔侧重于 SO_2 的深度吸收，最佳 pH 值运行区间应为 5.8～6.2。而单塔双循环脱硫系统实现 pH 值分区的技术措施是单座吸收塔隔离成上、下循环区，并设置塔外浆池。下循环脱硫区 pH 控制在 4.8～5.2，利于亚硫酸钙氧化、石灰石溶解，防止结垢和提高吸剂利用率；上循环脱硫区 pH 值控制在 5.8～6.2，有利于高效吸收 SO_2，提高脱硫效率。

69. 湿法脱硫系统脱硫效率低的原因有哪些？

答：从设计和运行角度，湿法脱硫系统脱硫效率低的原因可以分为以下 5 大类：

（1）设计不合理：包括脱硫系统设计液气比偏小、烟气设计流速过高、浆液停留时间太小、氧化风系统设计不足或布置不合理和喷淋层设计不合理等。

（2）入口烟气条件恶化或偏离设计值：包括煤质恶化造成入口烟气量超出设计值、煤质硫分增大造成入口 SO_2 浓度超出设计值、入口烟气温度超出设计值、入口烟气粉尘浓度增大等。

（3）吸收剂因素。包括石灰石活性差或者发生屏蔽现象、工艺水质差（Cl^-、Mg^{2+} 含量过多）等。

（4）运行控制不合理：包括吸收塔浆液 pH 值控制过低或过高、吸收塔浆液密度过低或过高、氧化风供应不足、循环泵投运数量少、脱硫废水排放量少使 Cl^- 浓度和惰性物质含量过高等。

（5）设备缺陷因素：包括喷嘴和喷淋层堵塞、循环泵叶轮磨损出力下降、仪表显示不准、GGH 漏风率高等。

70. 浆液密度过高，为什么会导致脱硫效率下降？

答：湿法脱硫系统运行时，一般控制吸收塔浆液密度在 $1080～1120kg/m^3$ 之间，当浆液密度超出此范围后，必须及时启动石膏排出系统，将浆液排出，否则将影响系统脱硫效率，其主要原因在于：

（1）浆液密度过高时，浆液中 $CaSO_4 \cdot 2H_2O$ 所占比重较高，Ca^{2+} 趋近饱和后会抑制石灰石的溶解，降低浆液对 SO_2 的吸收能力，从而影响脱硫效率。

（2）浆液密度长期过高时，易使循环泵入口滤网石膏大量沉积从而发生堵塞现象，使得循环浆液量降低，液气比降低；同时循环泵容易发生气蚀现象导致循环泵叶轮损坏、循环泵性能降低，进而脱硫效率下降。

（3）浆液密度过高时，石膏浆液中的 $CaSO_4 \cdot 2H_2O$ 过饱和度过大，极易在吸收塔内析出结晶形成石膏垢，循环浆液进入喷淋管后容易在喷淋管内、喷嘴处发生沉积、结垢现象，导致喷淋管和喷嘴堵塞，致使循环浆液量降低，脱硫效率下降。同时，喷淋管内石膏沉积过多时，喷淋管内承载力加大，也容易导致喷淋管的损坏与坍塌，从而影响浆液喷淋效果。

71. 氧化空气供应不足的危害及应对措施有哪些？

答：氧化反应是湿法烟气脱硫工艺的重要反应过程，由氧化风机提供氧化空气将浆液与 SO_2 反应生成的亚硫酸钙氧化生成硫酸钙，最终以石膏形式排出吸收塔。氧化风供应不足将会对脱硫系统的稳定运行造成极大的危害，主要体现在以下四方面：

（1）降低脱硫效率。氧化空气供应不足使大量亚硫酸钙无法氧化，亚硫酸钙含量过高影响 SO_2 吸收反应正向进行，影响 SO_2 的吸收速度，导致脱硫效率降低。

（2）发生浆液中毒现象。未能氧化的亚硫酸钙在浆液中富集将导致 $CaCO_3$ 的溶解受阻，其表现为增加供浆量时，脱硫效率和吸收塔 pH 值不升反降，浆液发生中毒现象。

（3）影响石膏品质，导致脱水困难。亚硫酸钙过高将影响石膏结晶过程，导致皮带机的脱水困难和设备故障，脱水机可能会在运行中出现"拉稀"、皮带跑偏等现象。同时，石膏品质难以保证，影响石膏的综合利用。

（4）造成系统的结垢堵塞。脱硫塔内亚硫酸盐浓度过高时，容易形成黏性结垢物质，附着在吸收塔壁、浆液管道和除雾器部位，造成管道堵塞、除雾器冲洗困难等问题。亚硫酸盐也会随溶液渗入防腐内衬，造成防腐层脱落。

当出现氧化空气供应不足时，应及时查找分析原因，并针对性地对氧化空气系统进行改进优化，主要应对措施包括：

（1）氧化风机设计出力不足时，可考虑对氧化风机进行改型或更换，同时根据需要可以考虑新增一台氧化风机。

（2）氧化空气管道和喷嘴发生堵塞时，考虑到进入吸收塔的空气温度过高及减温水水质不合格造成的浆液水分瞬间蒸发，引起的"湿-干"结垢现象，可考虑对减温水系统进行改造，如增加除雾器冲洗水泵至氧化空气减温水母管，保证减温水流量。

（3）氧化空气分布不均时，可考虑对布风方式进行优化，如将矛枪式布风方式改为管网式、调整氧化风管埋深等。针对浆液区积存大量浆液、介质流场分布不均的现象，可考虑增加吸收搅拌器或者对搅拌器改型更换等措施。

72. 吸收塔浆液中毒的原因及应对措施有哪些？

答：吸收塔浆液中毒现象是指由于浆液中石灰石的溶解受到影响，使得加入石灰石浆液后 pH 值不会升高，脱硫效率大大下降；同时浆液中碳酸钙含量上升，石膏品质下降。浆液中毒的原因主要有以下三种：

（1）亚硫酸盐"致盲"。$CaSO_3$ 可溶性要强于 $CaCO_3$，氧化不充分会导致浆液中 $CaSO_3$ 浓度较高，导致 $CaCO_3$ 的溶解受阻，过饱和后形成固体沉积，即出现"石灰石盲区"。

（2）氟化铝"致盲"。前部除尘器处理效果较差的情况下，大量粉尘进入吸收塔，粉尘中的铝化物和氟化物在 pH 值较高的情况下，会和浆液反应形成絮状络合物，包裹在碳酸钙表面而阻止碳酸钙的溶解。

（3）氯离子浓度高。烟气中 HCl 浓度高、工艺水水质差的情况下，浆液中氯离子含量高，如脱硫废水未能及时排放处理，浆液中 $CaCl_2$ 易形成黏性物质黏附在碳酸钙表面，导致碳酸钙的溶解受阻。

针对以上不同原因造成的浆液中毒，可以考虑从以下方面进行应对：

（1）亚硫酸盐"致盲"主要是由于氧化风供应不足和不及时造成的，此时"吸收-反应-形成石膏"的过程中断，中毒现象发生时应及时降低锅炉负荷，进行浆液置换，并加大氧化空气供应量，待浆液密度和 pH 值恢复正常后，根据吸收塔内浆液分析结果逐步增加供浆量。

（2）针对前部除尘器处理效果差造成的浆液中毒，在浆液置换的同时，应及时调整除尘器运行参数，提高除尘效率，日常运行中应加强除尘器的运行和检修管理。

（3）针对氯离子浓度高造成的浆液中毒，短期内应加大脱硫废水的排放和处理，日常运行时应制定脱硫废水定期排放制度，加强浆液中氯离子浓度监测，建议运行时可考虑调节浆液中氯离子浓度一般不得超过 12000mg/L，最大不得超过 15000mg/L。

73. 吸收塔起泡的原因及应对措施有哪些？

答：吸收塔内发生起泡现象时，会造成吸收塔"虚假液位"，吸收塔液位计无法正常工作，使得实际液位超过测量值，出现浆液溢流现象。溢流浆液会造成烟道结垢堵塞现象，浆液倒流进入风机部位还会造成风机叶片的严重损害，严重影响脱硫系统的设备安全。

吸收塔起泡现象主要是由于系统中进入了表面活性物质或起泡物质等其他成分，使气泡液膜稳定性增强，其形成原因主要包括以下几种：

（1）锅炉投油导致浆液油污污染。

（2）入口粉尘浓度超标使得吸收塔内重金属离子增多。

（3）石灰石品质差，MgO 含量超标。MgO 极易发生反应起泡，使其与 SO_4^{2-} 反应产生大量泡沫。

（4）工艺水水质差，COD、BOD 等含量超标。

（5）废水无法正常投运致使浆液品质逐渐恶化。

（6）氧化风系统运行调整不合理，吸收塔浆液的气液平衡被打破。

吸收塔起泡现象发生时，可以采取以下措施进行预防和处理：

（1）添加消泡剂。添加消泡剂是最直接且有效的处理方式，常用的消泡剂包括硅油、聚醚类、高级醇等。起泡溢流早期时可以加大消泡剂的投入量，待泡沫层逐渐变薄后减少投入量直至稳定。

（2）合理调整吸收塔液位。在确保浆液足够的氧化时间的前提下，适当降低吸收塔液位，减小浆液溢流量。

（3）调整循环泵的运行方式。在确保达标排放的前提下，适当降低机组负荷，调整燃煤煤质，减少循环泵的投运台数，以减少吸收塔内部浆液扰动产生的泡沫。

（4）加大脱硫废水的排放处理。加大废水排放可以将浆液中重金属离子、有机物等起泡物质排出系统，减少泡沫的形成。

（5）调整锅炉燃烧方式与除尘器运行参数。如对于点火投油时间长的电厂，可以考虑将点火方式改造成微油点火、等离子点火等方式，尽可能减少进入吸收塔内的油污、重金属等。

（6）加强原料（工艺水、石灰石）的品质控制。严格控制工艺水水质，降低其 COD 和 BOD 含量；严格控制石灰石原料，确保 MgO、SiO_2 等含量符合要求。

74. 脱硫系统发生磨损的原因及应对措施有哪些？

答：脱硫系统的磨损现象主要发生在浆液管道、喷淋层及喷嘴、吸收塔塔壁、循环泵叶轮、搅拌器、石灰石浆液泵和石膏排出泵等部位，磨损现象发生的主要原因以下：

（1）石灰石品质差。如石灰石原料中 SiO_2 含量过高时，容易对过流部件造成冲蚀磨损，使循环泵、石灰石浆液泵、石膏泵叶轮受损；同时，大量粗颗粒在循环泵入口滤网前堆积，易造成滤网通流面积不足引发损坏，杂物进入循环浆液管道和喷淋层，造成喷嘴和管道堵塞，导致管道内过流面积减小，管内流速大，造成冲蚀磨损加剧。

（2）化学和电化学腐蚀磨损。当脱硫运行时系统锅炉烟气中存在的酸性物质（主要有 SO_2、SO_3、SO_4^{2-}、Cl^-、F^-），使金属表面吸附的水膜 pH 值很低，易使循环泵叶轮、搅拌器等合金过流部件的钝化膜减薄或破碎，导致酸性物质渗入过流部件毛细孔内；当脱硫系统停运时，结晶盐引起体积膨胀，产生应力腐蚀，导致表皮脱落或产生裂缝，造成金属腐蚀。

（3）管道流速设计不合理。设计时如管道选用管径偏小，管道内流速偏高，会导致管道内磨损加剧。

（4）材料耐磨性能较差。如玻璃鳞片衬里是脱硫系统中应用最广泛的防腐材料，其抗渗性较好，但耐磨性能相对一般，当浆液含固量较高或磨损性较强的 SiO_2 含量较高时，玻璃鳞片衬里往往发生磨损破裂的倾向会加大。

针对脱硫系统的磨损问题，可以从以下几个方面进行有效预防与应对：

（1）严格把关石灰石原料品质。采购时，应确保石灰石中 CaO 含量不小于 50%、SiO_2 含量不大于 4.5%；同时，严格控制进入系统的石灰石粉细度，如采用外购石灰石粉，应尽量保证石灰石粉粒径满足 90%过 325 目筛；如购买石灰石块制浆时，应保证磨机出口石灰石粉细度满足设计要求。

（2）严格控制浆液密度。运行时吸收塔浆液密度应严格控制在 1080～1120kg/m³，及时调整石膏排放和脱水，避免循环泵叶轮的加速磨损。

（3）合理排放脱硫废水。通过及时排放和处理脱硫废水，将吸收塔浆液中 Cl⁻含量严格控制在 20000μg/g 以内，有条件的应尽量控制在 15000μg/g，避免过流部件因 Cl⁻含量过高而导致腐蚀加剧。

（4）提高材料耐磨等级。如吸收塔塔体、浆液管道等部位的防腐内衬可以选择耐磨等级更高的内衬复合陶瓷管道，循环泵选用陶瓷衬里循环泵等。

75. 喷淋层及喷嘴堵塞发生的原因及应对措施有哪些？

答：吸收塔内，引起喷淋层和喷嘴堵塞的原因主要包括以下几种：

（1）吸收塔内石膏晶种不足时，浆液中石膏晶粒的异相成核作用不能全部吸纳反应产生的硫酸钙，导致浆液内硫酸盐浓度超过临界饱和度，易在吸收塔壁、喷淋层和喷嘴等部位形成硫酸钙硬垢；同时，塔内大块结垢脱落后通过循环泵进入循环管道，未被打碎的大块固体通过喷淋层进入喷嘴，由于喷嘴口径较小，大块固体无法排出，堵塞喷淋层和喷嘴。

（2）浆液品质不高。石灰石浆液粒径较大、杂质含量高（泥土、沙石等）时，硫酸钙容易在杂质上结晶，形成大块石膏固体，造成喷淋层和喷嘴堵塞。

（3）防腐材料质量差。吸收塔防腐层、衬胶管道质量不高时，受温度变化或浆液冲蚀等影响容易造成脱落现象，从而堵塞喷淋层和喷嘴。

（4）循环泵入口未设置滤网或滤网设计不合理。未设置滤网时，大块固体直接进入喷淋层使得堵塞风险大大增加；滤网孔径过小、通流面积不足时，滤网易损坏使得杂质直接进入循环泵。

针对喷淋层和喷嘴的堵塞问题，可以采取以下措施进行预防和控制：

（1）吸收塔运行前，吸收塔注入石膏浆液晶种，提供硫酸钙的结晶表面，抑制塔内硫酸钙硬垢的形成。

（2）加强吸收塔内搅拌器和脉冲悬浮泵的维护工作，防止其出现事故停运现象，确保搅拌充分，防止由于搅拌不充分造成局部硫酸钙饱和度过大，而形成的硫酸钙结垢现象。

（3）严格控制石灰石品质，确保浆液成分、活性、细度满足设计要求。

（4）加强循环管道、喷淋层和喷嘴的冲洗。每次脱硫系统停运后，吸收塔应注清水对喷淋管及喷嘴做喷淋试验及冲洗；检修工作结束后，应再次做喷淋试验，确保所有喷淋管和喷嘴畅通。

（5）循环泵入口设置合适的滤网。

（6）选用品质高的吸收塔防腐材料和管道衬胶材料。

76. 石膏品质差的原因及应对措施有哪些？

答：对于湿法脱硫副产物石膏，其品质要求一般为：自由水分含量小于 10%、$CaSO_4 \cdot 2H_2O$ 含量不小于 90%、$CaCO_3$ 含量小于 3%（以无游离水分的石膏作基准）、$CaSO_3 \cdot 1/2H_2O$ 含量小于 1%（以无游离水分的石膏作基准）、溶解于石膏中的 Cl^- 含量小于 0.01%（以无游离水分的石膏作基准）。

不合格的石膏产品主要体现在其纯度无法满足要求，从而影响其市场销路，石膏品质差的原因主要为以下几种：

（1）烟气成分对石膏的影响。FGD 入口烟尘浓度高时，易造成石膏中杂质较高，同时烟尘中重金属离子不断富集到吸收塔浆液内，影响脱硫效率和石膏晶体的形成。

（2）石灰石品质低。石灰石细度过高时，石灰石利用率不高，导致大量 $CaCO_3$ 未能参与反应而进入石膏；石灰石纯度不足时，杂质会抑制石膏晶体的形成。

（3）浆液 Cl^- 含量高。若脱硫废水排放不及时，浆液中 Cl^- 含量将持续升高，导致石膏成分中 Cl^- 超标，影响脱水效果。

（4）氧化不充分。氧化风机出力不足、氧化风系统故障时，石膏中 $CaSO_3$ 含量过高。

（5）脱水系统运行问题。石膏旋流站出力不足时，进入真空皮带脱水机的石膏浆液含水量过高，会导致脱水困难，石膏中含水量过高；真空皮带脱水机故障、真空度不足等现象发生时，脱水效果较差，影响石膏品质。

针对石膏品质差的问题，可以从以下几个方面进行解决：

（1）严格控制脱硫入口烟尘浓度。前部除尘设施应通过提效改造、优化运行等措施，降低烟尘浓度。

（2）严格把关石灰石品质。石灰石细度应满足 90%通过 325 目或 250 目筛且 $CaCO_3$ 含量应不低于 90%，同时严格控制 SiO_2、MgO 等含量。

（3）保证脱硫废水及时排放，运行时应确保脱硫废水三联箱处理系统的正常投运，将塔内氯离子浓度控制在合理水平。

（4）确保氧化空气量充足。运行时氧化风机出力应满足氧硫比 2.5 以上，并确保氧化风布风均匀。

（5）加强脱水系统的运行维护。

77. 除雾器压差大的原因及应对措施有哪些？

答：对于常规屋脊式除雾器，日常运行时除雾器压差一般控制在 200Pa 以下，但故障工况下除雾器压差可能升至 500Pa 以上，除雾器发生堵塞现象，导致出口雾滴和烟尘浓度超标，严重时甚至会造成除雾器的垮塌现象。

除雾器压差大小与燃煤煤质、烟气流速、塔内流场、除雾器结构、冲洗效果和吸收塔运行状况等均密切相关，其压差大的主要原因包括以下几种：

（1）燃煤煤质恶化。煤质恶化时，吸收塔内烟气量增大，造成除雾器内烟气流速增加，导致除雾器压差增大。

（2）除雾器设计不合理。通常除雾器设计烟气流速在 3.5～5.5m/s，如设计流速过高、叶片间距过小，会造成除雾压差增大。

（3）吸收塔内流场不均。塔内流场不均时，会导致除雾器部分区域流速过大，而其他区域流速过小，流速过大区域易造成除雾器堵塞，进而除雾器压差增大。

（4）除雾器冲洗效果不佳。除雾器冲洗水压力不足、冲洗水量不够或冲洗周期过长时，除雾器上的石膏浆液易附着在除雾器表面形成结垢，除雾器堵塞导致压差增大。

（5）浆液品质恶化。吸收塔内浆液氧化不充分、氯离子含量过高时，随烟气带来的浆液中黏性物质含量过高（主要为 $CaSO_3 \cdot 1/2H_2O$、$CaCl_2$ 等），较难被冲洗下来，导致除雾器逐渐堵塞。

针对除雾器压差过大的问题，从其发生原因着手，可以采取以下措施：

（1）优化除雾器选型设计。除雾器选型时应根据不同吸收塔结构定制，设计时应依据数模手段确定的塔内流场来开展，并选用优质产品。

（2）加强除雾器冲洗效果。如除雾器冲洗系统出力不足或存在故障时，应及时改造或者消缺；短时间煤质恶化时，应提高除雾器冲洗频次。

（3）优化吸收塔结构。吸收塔内流场不佳时，可以通过增设合金托盘、旋汇耦合器等均流装置均布流场；吸收塔改造时，可以适当抬高顶层喷淋层和底层除雾器间距（按不低于 3m 控制），确保浆液具备足够的沉降空间。

（4）加强浆液品质管理。运行时应通过化学监督工作实时掌握浆液品质，并确保氧化风系统出力足够和脱硫废水定期排放，以使浆液品质处于理想状态。

78. 石膏雨产生的原因及应对措施有哪些？

答：石膏雨现象是指脱硫出口净烟气中携带大量石膏浆液和冷凝液，经烟囱排放出后在烟囱附近形成下白状斑点雨的现象。石膏雨会导致烟囱出口粉尘浓度超标，同时污染电厂及周边环境。石膏雨包含"石膏"和"雨"两个概念，"石膏"是指烟气携带而出的浆液，"雨"是指净烟气中的冷凝液。石膏雨的成因主要有以下几种：

（1）烟气流速高，除雾器效果差。吸收塔塔径偏小或煤质恶化时，塔内烟气流速偏高，烟气易携带大量浆液，除雾器处理负荷增大，导致大量浆液和液滴未能被除雾器有效捕集，由烟囱出口排放，遇大气环境迅速冷凝形成石膏雨。同时，除雾器设计选型不合理、除雾器发生堵塞破损现象时，除雾效果差，也会导致大量浆液和液滴逃逸。

（2）净烟气温度低、扩散能力差。取消烟气再热器（GGH）后，净烟气温度由 80℃降至 50℃左右，净烟气温度低导致饱和湿烟气中大量冷凝水析出；同时烟气扩散能力差，导致大量冷凝液在烟囱附近落下，形成"下雨"现象。

（3）浆液品质恶化。烟气中油污含量高且石灰石粉中 MgO 含量高时，浆液容易发生"起泡"现象，大量泡沫被烟气携带，不易被除雾器捕集，随烟气上升直接形成石膏雨。

针对石膏雨现象发生的不同原因，可以通过以下措施进行有效治理：

（1）优化吸收塔结构和除雾器选型。前期吸收塔设计塔径偏小时，技改时可以考虑除雾区扩径或抬高除雾区高度等措施，确保除雾区烟气流速合理，增加浆液的沉降空间。除雾器可以选择高效三级屋脊式除雾器、管束式除尘除雾装置等，同时确保除雾器冲洗效果，以提高除雾能力。

（2）增设烟气脱白设施。烟气脱白主要是通过净烟气再加热、净烟气冷凝、净烟气先冷凝后加热等方式消除烟囱"白烟"现象；一方面可以使净烟气扩散能力增加，另一方面降低净烟气含湿量，从而消除石膏雨。

（3）优化燃烧方式。机组高负荷时"石膏雨"现象更为明显，主要是由于高负荷时烟气量增大，此时应通过运行调整在保证锅炉正常燃烧的前提下，尽量减少风量，控制炉膛负荷和风机压力。

（4）确保浆液品质。加强脱硫运行调整和石灰石品质管理，避免浆液起泡现象。

79. 吸收塔液位异常的危害及解决措施有哪些？

答：吸收塔设计液位高度主要取决于浆池容积和吸收塔塔径，而在吸收塔塔径一定的条件下，吸收塔液位的大小主要由石膏氧化效果和浆液停留时间决定。在不同负荷不同硫分工况下，浆池容积的大小应满足固体停留时间不应低于 15h、浆液循环停留时间 4min 左右。

液位过低，浆液停留时间短，石膏氧化反应不充分，从而影响石膏品质，导致脱硫效率下降；液位过高，容易造成吸收塔溢流，浆液倒灌进入烟道，破坏增压风机并造成烟道堵塞。同时，液面与喷淋层间距变小会缩短浆液与烟气中 SO_2 的吸收空间，降低脱硫效率。液位过高还会使氧化风机的出力变大，设备能耗增加。

日常运行时吸收塔液位应保持在设计最高液位和最低液位之间，过高或过低时均应进行及时调整。

（1）液位过高的解决措施。优化除雾器冲洗方式，适当延长除雾器冲洗间隔；减少或取消工艺水向吸收塔补水；采用滤液水代替工艺水制浆；加大排浆量；增加脱硫废水外排量；临时考虑浆液进入事故浆液箱。

（2）液位过低的解决措施。增加除雾器冲洗水量；增加吸收塔补水量；减少排浆量，停止脱水；将地坑中浆液打回吸收塔；将其他吸收塔或事故浆液箱浆液补入吸收塔。

同时，吸收塔液位计测量不准也容易导致液位异常，日常运行时应避免浆液起泡现象发生，液位计应开展定期冲洗和检查标定工作。

80. 取消旁路后脱硫系统启停顺序如何？

答：（1）启动顺序。对于等离子点火系统，机组启动前首先开启除雾器冲洗水（注意观察液位），然后启动搅拌器（液位达到搅拌器启动要求），开启供浆泵至一定液位，启动浆液循环泵（至少启动 2 台），启动氧化风机，投运干式除尘器（电除尘器可以部分投运）；烟风系统满足启动要求后，锅炉点火，随着机组负荷增加，启动其余循环泵，氧化风机等，调整 pH 值；对于油枪点火，机组启动前，首先开启除雾器冲洗水（注意观察液位），然后启动搅拌器（液位达到搅拌器启动要求），开启供浆泵至一定液位，启动浆液循环泵（至少启动 1 台），启动氧化风机；烟风系统满足启动要求后，锅炉点火（密切关注烟尘指标），干式除尘器投运，随着机组负荷增加，启动其余循环泵，氧化风机等，调整 pH 值。

（2）停运顺序。机组正常停运时，随着机组负荷降低可以考虑首先停运干式除尘器（密切关注出口烟尘浓度），风机停运后，部分浆液循环泵正常运行（至少保留 2 台浆液循环运行）并通过除雾器冲洗保持液位，待入口烟温降低至设定值（如 80℃）停运循环泵，切除石灰石供浆，除雾器冲洗水运行至出口烟温降低至设定值以下，根据机组停运时间确定氧化风机和石膏排出泵停运时间。

81. 吸收塔入口烟温过高时脱硫系统如何应对？

答：吸收塔入口烟温过高时，高温烟气进入吸收塔内会对塔内防腐材料、除雾器等造成不利影响，长期高温环境会导致防腐材料老化、脱落，脱落的防腐鳞片会堵塞循环泵及石膏排出泵，影响脱硫效率，严重时甚至导致脱硫装置停运。

吸收塔入口设置事故喷淋系统的主要目的是应对短时吸收塔入口烟气超温，当吸收塔入口烟气超温或当设备故障时（如空气预热器等），应快速启动事故喷淋系统；当全部循环泵失电时，锅炉MFT，应同时快速启动事故喷淋系统。当遇系统故障启动事故喷淋系统时，应迅速查明事故原因，尽快恢复设备的正常运行，否则进行停炉处理，避免事故喷淋系统的长时间运行所带来的潜在风险，以及破坏脱硫系统的水平衡。

以某电厂为例，针对吸收塔入口烟温高的安全运行措施如下：

（1）脱硫运行前需满足的前提条件：① 事故喷淋水箱充满；② 工艺水与消防水压力不低于 0.9MPa；③ 事故喷淋水箱各补水手动门完全打开，长期处于备用状态；④ 事故喷淋水箱各补水气动门动作灵活；⑤ 除雾器冲洗水所有电动门动作正常。

（2）烟温过高时的运行措施：

① 吸收塔入口烟温超过150℃时，运行人员应加强监视，并汇报值长，调整锅炉燃烧方式降低排烟温度；

② 吸收塔入口烟温超过 155℃时，运行人员应立即汇报值长，调整锅炉负荷，降低排烟温度；

③ 吸收塔入口烟温超过160℃时，开启事故喷淋系统对原烟气降温，同时监视除雾器后烟温，如除雾器后烟温高于70℃，打开除雾器冲洗水进行降温；

④ 吸收塔入口烟温超过170℃时，立即汇报值长，进行锅炉

MFT 操作。

82. 锅炉长期低负荷时脱硫系统如何应对？

答：（1）低负荷投油稳燃的问题。锅炉长期低负荷运行时，可能需长时间投油稳燃，吸收塔将积累大量未燃尽油，降低石灰石浆液活性，引起浆液中毒，影响脱硫效率。主要应对措施包括：

1）停运部分浆液循环泵，一方面节能，另一方面减少浆液起泡现象。

2）添加消油剂。

3）加大废水排放量、保证废水连续排放。

4）浆液中毒现象发生时，立即进行浆液置换。

5）投油量大、电除尘器短时故障时，可考虑投入事故喷淋系统。

6）平时储备些 NaOH、石灰、脱硫添加剂等，脱硫效率下降时应急使用。

（2）水平衡问题。锅炉低负荷运行时，原烟气烟温降低、烟气量减少，脱硫系统极易出现正水平衡现象（进入脱硫系统的水量大于脱硫系统实际需要的水量），使得运行时人为减少除雾器冲洗水量，导致除雾器冲洗效果不佳，易发生结垢堵塞甚至坍塌的现象。低负荷下水平衡问题应从以下方面解决：

1）尽可能采用滤液水代替工艺水制浆，减少制浆系统进水。

2）设备机封水、冷却水尽可能采用闭式循环，进入工业水箱或工艺水箱。

3）避免其他系统水进入，如考虑化学废水进入化学废水池，处理后进入复用水池。

4）优化除雾器冲洗方式，在确保除雾器冲洗效果的前提下减少除雾器冲洗水量。

5）可以考虑适当增加脱硫废水外排量。

6）可以临时考虑浆液进入事故浆液箱，维持吸收塔正常液位。

83. 除尘器故障状态下脱硫系统如何应对？

答：除尘器故障状态时，进入吸收塔的烟尘浓度大幅提高，由于吸收塔洗尘效率有限，容易导致吸收塔出口烟尘浓度超标。同时，烟尘主要成分是 SiO_2、Al_2O_3 等，大部分烟尘被吸收塔洗涤后进入浆液中，烟尘中的 Al_2O_3 溶解形成的 Al^{3+} 和烟气中 HF 溶解形成的 F^- 极易发生反应，形成不溶性氟化铝胶状络合物，包裹于石灰石颗粒表面，引起浆液中毒，导致脱硫效率下降。

除尘器故障发生时，应第一时间开展消缺工作，同时通过降负荷、燃用低灰分煤种等手段尽可能降低吸收塔入口烟尘浓度，并且脱硫系统运行时应开展以下调整工作：

（1）增加除雾器冲洗频次。入口烟尘浓度的增加使除雾器的处理负荷加大，增加除雾器冲洗频次可以避免除雾器发生堵塞，造成烟尘浓度严重超标。

（2）增加排浆量。将吸收塔浆液打至事故浆液箱同时补入新鲜浆液，立即进行浆液置换，降低浆液中杂质含量。

（3）加大氧化风供应量。必要时增开备用氧化风机，加快石膏的氧化和结晶过程。

（4）加大废水排放量。烟尘浓度过高使浆液内重金属离子增加，增加废水排放量可以及时消除氯离子和重金属离子过高对浆液造成的不利影响。

（5）吸收塔内可添加强碱［NaOH、$Ca(OH)_2$ 等］来辅助调节 pH 值，破坏氟化铝络合物的形成环境，防止浆液中毒使 pH 值急剧下降的现象发生。

84. 湿法脱硫利用替代吸收剂（申石渣、白泥等）时有哪些注意事项？

答：电石渣是电石水解获取乙炔气后的废渣，主要成分为 $Ca(OH)_2$，此外还存在 CaS、Ca_2Si、Ca_3As_2 等杂质。白泥则是造纸厂碱回收苛化阶段的产物，主要成分为 $CaCO_3$，含有部分残留的 $NaOH$、$Ca(OH)_2$、水、造纸原料中有机物质及钠、铁、镁、钾等形成的无机盐类物质。由于此两种物质中的主要成分均为脱硫反应吸收剂，因此可作为石灰石－石膏湿法脱硫工艺的替代吸收剂，实现固废资源化利用。

由于两者杂质含量过高，如果利用不当，可能对脱硫系统造成以下影响：

（1）降低脱硫效率。白泥、电石渣浆液 pH 值较石灰石浆液高，且杂质较多，对亚硫酸盐的正常氧化有不利影响，无法正常氧化的亚硫酸盐将会附着在泵等设备上，影响设备出力进而影响脱硫效率。同时，杂质中的有机物质易导致浆液起泡，甚至浆液中毒，影响脱硫效率。

（2）降低脱硫塔除尘效率。亚硫酸盐的增加，易造成除雾器表面结垢，进而降低除雾器的除雾效率和除尘效率。

（3）降低石膏品质。亚硫盐含量的升高，使得真空皮带机脱水困难，石膏含水率偏大，且石膏中杂质含量相对较高，导致硫酸钙含量降低，影响石膏品质。

因此，电石渣、白泥在替代石灰石利用过程中，必须注意以下事项：

（1）准确把握石灰石/电石渣（白泥）的掺配比例。为规避脱硫浆液中毒、起泡，消除对脱硫效率和除尘效率的影响，保证石膏品质，确保最好的经济效益，应通过计算和试验确定最佳的掺用比例。试验过程中应及时化验石膏和吸收塔浆液品质，确保石膏和浆液品质正常。

（2）吸收塔尽量不要在低液位运行，以保证石膏浆液充分的结晶时间。

（3）氧化风系统应具备足够出力，以确保石膏氧化充分。

（4）密切关注浆液中的 Cl^- 含量，合理排放废水。

（5）存储脱硫消泡剂，以备浆液起泡严重时及时使用。

（6）一旦出现亚硫酸盐含量偏高较大，建议减少或停止掺配。严重影响脱硫效率时，应及时将浆液导入事故浆液箱进行倒浆处理。

85. 湿法脱硫系统运行费用由哪些组成？

答：石灰石–石膏湿法脱硫系统运行费用主要包括石灰石费用、电费、水费、人工费、修理维护费、折旧费和财务费用等。以某 2×300MW 机组湿法脱硫项目为例，吸收剂制备系统采用湿磨制浆方式（方案一）和来粉制浆方式（方案二）的脱硫运行成本见表 3–1。

表 3–1　　　　石灰石–石膏湿法脱硫成本估算

序号	项目名称	单位	方案一（湿磨制浆方式）	方案二（来粉制浆方式）
1	脱硫工程静态投资	万元	22080	19769
	建设期贷款利息	万元	771	691
	脱硫工程动态投资	万元	22851	20460
2	年利用小时数	h	3500	3500
3	总装机容量	MW	600	600
4	固定资产原值	万元	21552	19323
5	年发电量	GWh	1885	1890
6	石灰石耗量	t/h	38	38
	石灰石价格（不含税）	元/t	34	111
	年石灰石费用	万元	455	1478

序号	项目名称	单位	方案一 （湿磨制浆方式）	方案二 （来粉制浆方式）
7	用电量	kWh/h	13561	12033
	成本电价	元/kWh	0.337	0.337
	年用电费用	万元	2285	2028
8	用水量	t/h	220	220
	水价	元/吨	1.3	1.3
	年用水费	万元/年	143	143
9	人工费	万元/年	87	87
10	修理维护费	万元/年	552	494
11	折旧费	万元/年	1365	1224
12	财务费用	万元/年	664	595
13	运行总成本	万元/年	5551	6048
	单位成本	元/MWh	29.46	32.00

注　湿磨制浆方式采购石灰石块，价格为 34 元/t；来粉制浆方式采购成品石灰石粉，价格为 111 元/t。

从表 3-1 中可以看出，由于成品石灰石粉单价较高，来粉制浆方式运行总成本往往要高于湿磨制浆方式。而在运行总成本中，石灰石费用和电费所占比重最高，湿磨制浆方式和来粉制浆方式中两者费用分别占 49.36% 和 57.97%。其中，湿磨制浆方式石灰石费用比例为 8.20%，远低于来粉制浆方式石灰石费用比例（24.44%）；而相应其电费比例（41.16%）要高于来粉制浆方式电费比例（33.53%）。

86. 实际生产中如何平衡煤价和脱硫运维成本的关系？

答：脱硫装置在其出力同时满足燃用低硫分煤和相对较高硫分煤的前提下，燃用低硫分煤时往往脱硫装置运维成本较低，但燃煤成本较高。因此，可以引入脱硫工程经济运行测算模型，用于分析实际生产中脱硫装置燃用不同成本燃煤时的燃煤成本、脱硫运维成本和石膏收益差价，综合考虑燃煤成本和脱硫成本，进而分析燃用不同煤价燃煤时的综合经济性，从而实现经济效益的最优化。

同一脱硫装置上，燃用不同成本燃煤的脱硫运维成本差异主要体现在吸收剂成本和用电成本上，燃用高硫煤往往石膏产量更大，因此其石膏收益要高于燃用低硫煤。

以两种具有不同煤价的煤种 1、煤种 2 为例，测算时，定义经济运行变化因子（H）用以比较燃用不同成本燃煤时脱硫装置的运行经济性，其计算公式如下：

$$H = (A_2 - A_1) + (D_2 - D_1) - (B_2 - B_1) + (C_2 - C_1)$$

式中　A_1、A_2——分别燃用煤种 1、煤种 2 的脱硫吸收剂成本，万元/年；

　　　D_1、D_2——分别燃用煤种 1、煤种 2 的脱硫用电成本，万元/年；

　　　B_1、B_2——分别燃用煤种 1、煤种 2 的脱硫石膏收益，万元/年；

　　　C_1、C_2——分别燃用煤种 1、煤种 2 的年燃煤成本，万元/年。

计算结果中，如果 $H > 0$，则煤种 2 运行总费用更高，煤种 1 运行经济性高于煤种 2；反之，则煤种 2 运行经济性高于煤种 1，负值越大，经济性越明显。

因此，实际生产中，应同时计算不同燃煤的煤价和脱硫成本并进行分析对比，以确定燃用哪种煤更为经济。

87. 运行过程中如何降低湿法脱硫系统的厂用电率？

答：湿法脱硫系统的电耗主要由增压风机电耗、浆液循环泵电耗、氧化风机电耗、制浆系统电耗（湿式球磨机电耗）和低压设备电耗（小泵、搅拌器等）组成。根据华电集团 86 台脱硫装置的统计结果，不同脱硫设备占脱硫系统总耗电量的比例见表 3-2。

表 3-2　　　　不同脱硫设备占脱硫系统总耗电量的比例

设备	增压风机	浆液循环泵	氧化风机	制浆系统	低压设备
所占比例（%）	32.0	28.0	10.6	11.7	17.7

可以看出，增压风机和浆液循环泵的电耗占脱硫系统总电耗的 60%左右。因此，如何控制这两种主要脱硫设备的电耗是降低脱硫系统厂用电率的关键。

针对不同脱硫设备电耗偏高的现象，主要原因分析见表 3-3。

表 3-3　　　　　　各主要脱硫设备电耗偏高的原因

序号	设备名称	原因分析
1	增压风机	烟气量超设计值；入口粉尘含量高导致结垢、堵塞而引起系统阻力增大；增压风机运行调整方式不合理
2	浆液循环泵	燃煤硫分高；SO_2 排放标准提高；浆液循环泵组的运行方式不合理；石膏浆液密度大
3	氧化风机	塔运行液位偏高；石膏浆液密度大
4	制浆系统	燃煤硫分高；SO_2 排放标准提高；出力不足导致投运时间长
5	低压设备	燃煤硫分、SO_2 排放标准提高，导致公用系统投运时间增加

在日常运行中，降低脱硫系统厂用电率可以从以下角度着手：

（1）吸收塔系统的优化运行。根据脱硫效率和机组负荷合理调整循环泵投运数量和组合方式，及时更换磨损严重的过流部件；在保证脱硫效率的前提下，减少投入工作的循环泵数量。

（2）烟风系统的优化运行。调整好锅炉燃烧，减少空气预热器漏风量，合理配置一、二次风风量并降低过量空气系数，减少烟气量的产生；优化增压风机与引风机串联运行方式，根据负荷、系统阻力变化及时调整运行。

（3）燃煤掺配掺烧优化。加强燃料各环节管理，根据燃煤含硫量调整脱硫装置运行方式。针对含硫量超高的燃煤，做好煤炭掺配掺烧工作，在确保设备安全、经济运行的前提下，适当扩大脱硫系统适应燃煤硫分的范围。

（4）加强设备的日常维护。加强增压风机、浆液循环泵、湿式球磨机、氧化风机等润滑油系统的维护，保证润滑油管路畅通、油位高度稳定；控制吸收塔液位和浆液密度，减少叶轮的磨损、气蚀；定期清理风机入口滤网，根据除雾器压差变化，及时清洗除雾器。

88. 氨法脱硫工艺的常见问题及应对措施有哪些？

答：氨法脱硫工艺具有反应速率快，能耗低、副产物可资源化等众多优点，在国内中小容量、液氨（或氨水）供应经济可靠的机组中具有众多应用业绩，但实际运行过程中，主要存在以下问题：

（1）堵塞结垢现象严重。目前氨法脱硫工艺应用的项目主要集中在小机组，吸收塔入口烟温往往远高于氨法工艺最佳运行烟温（氨法工艺最适宜温度在 120℃左右，很多项目入口烟温往往达到 160～180℃），烟温高使得氨水蒸发速率快，铵盐附着在吸收塔底部、喷淋区、除雾器和循环管道内部，导致堵塞结垢现象严重。

（2）副产物结晶困难。由于吸收塔入口烟尘浓度高、入口 SO_2 浓度偏离设计值严重等现象，部分氨法脱硫工艺存在副产物结晶困难的现象，导致硫铵副产物无法生产。

（3）氨逃逸问题。吸收液和 SO_2 反应生产的亚硫酸铵性质不稳定，氧化不充分时极易重新分解成二氧化硫和气态氨，造成氨逃逸大的问题。同时，吸收塔入口烟温高也会使氨水挥发，使其未来得及与 SO_2 反应便从吸收塔逃逸。

（4）气溶胶问题。除雾器效果不佳时，净烟气中易携带过多铵盐固体颗粒，形成"白烟"现象。

针对氨法脱硫工艺运行时存在的问题，可以采取以下措施进行解决：

（1）控制吸收塔入口烟温。通过空预器改造、燃烧调整、前部增设余热利用装置等措施，将吸收塔入口烟温控制在氨法工艺运行合理的区间，可以有效缓解堵塞结垢、氨逃逸大等现象。

（2）控制吸收塔入口烟尘浓度。通过前部除尘器提效改造、燃煤掺配掺烧等手段，尽可能降低吸收塔入口烟尘浓度，有利于副产物的结晶和硫铵品质的提升。

（3）设置氨回收区。在吸收塔吸收区上方设置氨回收区，通过喷淋水将烟气中的氨吸收，可以降低氨逃逸浓度。

（4）保证氧化风量。通过氧化风机增容等手段，确保氧化风量充足，确保亚硫酸铵的氧化效果。

（5）高效除尘除雾装置的应用。吸收塔出口可设置高效三级屋脊式除雾器、管束式除尘除雾装置等，提高除雾效果，降低气溶胶的生成量。

89. 循环流化床（半干法）烟气脱硫工艺的常见问题及应对措施有哪些？

答： 循环流化床烟气脱硫（半干法）工艺具备反应速度快、无脱硫废水排放、改造后无需烟囱防腐和协同脱除 SO_3 等优点，在 CFB 锅炉超低排放改造工作中，作为二级脱硫工艺，应用较为广泛。实际运行过程中，半干法工艺对于运行操作水平要求较高，出现的主要问题如下：

（1）"塌床"现象。烟气流速过低和床料物料粒径过大是引起"塌床"现象的主要原因。锅炉低负荷时，烟气流速过低，床压无法稳定维持；物料粒径过大是吸收剂品质差和雾化效果不佳造成的，循环灰与水形成湿度较大的灰块，质量过大，无法实现物料循环，易掉落从而击毁床层。

（2）返料不畅。脱硫灰循环系统稳定运行的关键因素是返料斜槽，当物料结块堵塞严重、流化风供应不足等现象发生时，返料斜槽易堵塞，导致物料无法正常循环。

（3）布袋压差高。布袋设计过滤风速偏低、流化床内反应温度控制过低、雾化效果不佳情况发生时，布袋压差呈现升高趋势。

（4）吸收剂耗量大。吸收剂中 CaO 含量不高、直接购买熟石灰发生失活现象或反应温度控制偏高时，吸收剂耗量往往超出设计值，造成运行成本显著增加。

针对半干法脱硫工艺运行时存在的问题，可以采取以下措施进行解决：

（1）保持雾化效果、引风机动作及时、再循环挡板操作得当是避免"塌床"现象发生的主要措施。运行时应密切关注床压变化，加强对雾化喷枪、工艺水系统的定期巡检，每周对喷枪进行定期检查，从喷枪响声、供水回水压力、工艺水泵压力、吸收塔检查孔周边黏灰、塔内循环灰距离塔壁的深度等方面判断喷枪的运行状况是否正常；每月对喷枪进行塔外雾化效果检查；在机组降负荷过程中保持引风机出力与机组额定负荷时的出力相当，确保吸收塔内气固比正常和床压稳定。按规定及时开启再循环挡板，在机组负荷低于额定负荷时投入烟气再循环挡板。

（2）为确保返料顺畅，应确保灰斗保温和电伴热效果具备良好效果，同时应确保雾化效果防止循环物料结块。在安装过程中必须确保返料槽流化风帆布的完好性，防止焊火花星掉落在帆布上将其烧坏。

（3）布袋除尘器设计时应考虑增加滤袋总过滤面积，降低过滤风速至 0.80m/min 以下，同时提高滤袋材质等级和克重，优化滤袋布置方式。可采用点火方式改造（如等离子点火、富氧燃烧等）、滤袋预涂灰等措施保证起机期间滤袋安全，延长滤袋寿命。

（4）半干法工艺不建议直接采购熟石灰作为吸收剂，应设置消化系统，消化系统设计时应留有充分裕量。喷水雾化效果无法保证时，为防止后部滤袋"糊袋"和返料系统堵塞现象发生，反应温度往往控制偏高，导致反应活性偏离最佳值，在设计时可考虑进行雾化效果流场模拟工作，并根据结果选择设计雾化喷嘴结构型式，选择质量过关产品，日常运行时加强对关键部位（如喷嘴口头部、阀片等）监视，及时清理喷嘴口头部积灰，更换破裂阀片。

90. 炉内喷钙脱硫工艺的常见问题及应对措施有哪些？

答： 国内外大量研究表明，在 850～900℃ 的炉膛温度，Ca/S 摩尔比为 2.5～3.5，石灰石的粒度小于 2mm（通常为 0.1～0.3mm）时，炉内脱硫效率可达 85%～90%。但是实际运行中存在一些问题，使得脱硫效率达不到理论脱硫效率，具体问题主要包括以下几点：

（1）石灰石品质差。石灰石中 $CaCO_3$ 含量偏低、石灰石反应活性差（取决于石灰石的微观分子结构型式、石灰石煅烧产物孔隙率和孔径分布）时，参与脱硫反应的有效成分不足，会导致脱硫效率偏低。石灰石粒径过小，石灰石粉易随烟气直接从锅炉带出，导致石灰石利用率偏低；粒径过大，石灰石颗粒比表面积小，大部分石灰石不能参与循环便从排渣口排出，也会降低石灰石利用率。

（2）石灰石粉输送不畅。石灰石粉发生吸潮板结现象时，容易造成下料堵塞或堵管。石灰石粉仓距离锅炉较远时，送粉距离长，若石灰石粉细度过大、输送空气出力不足时，容易出现输送不畅现象。

（3）炉膛温度过高问题。为了降低飞灰的含碳量，提高燃烧效率及热效率，炉膛温度控制过高，偏离了炉内脱硫的最佳温度窗口，炉内脱硫效率降低。

针对炉内喷钙脱硫工艺运行时存在的问题，可以采取以下措施进行解决：

（1）严格把控入炉石灰石品质。石灰石中 $CaCO_3$ 含量应尽可能控制在 90%以上，不宜低于 85%。对于石灰石的粒径，建议石灰石粉中位径控制在 D_{50} 为（0.25～0.45）mm±0.1mm，粒径 $D>1$mm 的石灰石粉小于 2%，最大粒径 $D_{max}\leqslant1.5$mm。

（2）在炉膛入口返料斜腿处增设喷钙点，此处喷钙可以确保石灰石粉在进入炉膛前与大量高温循环灰充分混合并得到充分加热，提升石灰石粉的流动性能和脱硫性能。当石灰石粉输送不畅时，可以考虑将石灰石粉仓移位从而缩短送粉距离、增设空气压缩机以保证输送压缩空气量、螺旋给料机选型优化等措施。

（3）开展锅炉燃烧方式调整试验，将炉膛温度控制在炉内喷钙的最佳反应区间，提高脱硫效率。

烟气脱硫系统技术服务工作

91. 湿法脱硫工程性能考核试验工作包括哪些内容？

答：湿法脱硫工程性能考核试验的目的是验证脱硫装置的各项性能参数能否满足脱硫总包商或设备厂商提出的性能保证值要求，其主要内容包括前提条件测试和保证值测试两个部分。

前提条件测试项目主要包括进口烟气流量、原烟气 SO_2 浓度、原烟气温度和原烟气固体颗粒物浓度。

性能指标测试项目主要包括脱硫效率和净烟气 SO_2 浓度、总固体颗粒物脱除效率和净烟气固体颗粒物浓度、净烟气温度、石膏品质、石灰石耗量、电耗、水耗、压力损失、除雾器出口雾滴含量、净烟气中 HCl 和 HF 浓度、SO_3 脱除效率、设备噪声和设备表面温度。

脱硫性能考核试验应在脱硫装置 168h 运行移交 2 个月后、6 个月内的适当时间进行，应在设计工况下至少连续运行 3 天，对脱硫装置开展 100%烟气量试验。性能考核试验期间，脱硫装置实际运行工况与设计工况存在偏差时，所有的性能指标应按照总包商或设备厂商提供的修正曲线换算到设计工况，修正曲线应在试验开始前提供，并由业主确认。修正曲线应至少包括以下九条：① 脱硫效率与入口烟气量的修正曲线；② 脱硫效率与入口 SO_2 浓度的修正曲线；③ 电耗与入口烟气量的修正曲线；④ 电耗与入口烟气温度的修正曲线；⑤ 电耗与入口 SO_2 浓度的修正曲线；⑥ 水耗与入口烟气量的修正曲线；⑦ 水耗与入口烟气温度的修

正曲线；⑧ 石灰石耗量与入口烟气量的修正曲线；⑨ 石灰石耗量与入口 SO_2 浓度的修正曲线。

92. 湿法脱硫工程性能试验的工作流程是什么？

答：湿法脱硫工程性能试验工作从项目立项到项目完成，工作流程如图 4-1 所示。

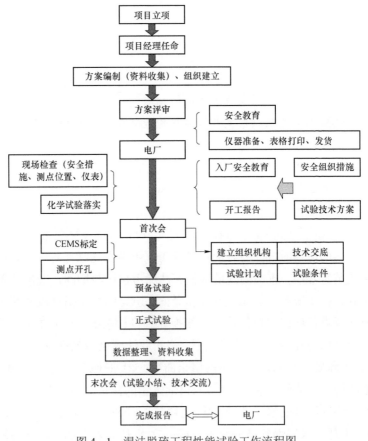

图 4-1 湿法脱硫工程性能试验工作流程图

93. 湿法脱硫工程性能试验前提条件包括哪些？

答： 湿法脱硫工程性能考核试验开展前，应具备以下前提：

（1）试验期间机组满负荷稳定运行，机组负荷波动不大于5%。

（2）试验开始前，除尘器、脱硫装置各系统稳定运行。

（3）试验过程中应燃用设计煤种或尽量接近设计煤种的燃煤，并保证煤质稳定。

（4）石灰石、工艺水等消耗品充足，且石灰石成分和活性、工艺水品质满足设计要求。

（5）吸收塔浆液 pH 值控制在设计值范围内（对于单塔工艺，一般为 5.2～5.8）。

（6）吸收塔内浆液密度控制在设计值范围内（对于单塔工艺，一般为 $1080\sim1120kg/m^3$）。

（7）吸收塔液位应控制在设计值范围内。

（8）石灰石浆液密度、除雾器冲洗频率等参数控制在设计范围内，并根据运行人员经验进行调整。

（9）对于保留烟气旁路的脱硫装置，旁路挡板应处于完全关闭状态。

（10）当脱硫装置入口烟气参数偏离设计条件时，应按提供的三方认可的脱硫性能修正曲线进行修正。

94. 湿法脱硫工程性能试验测点如何布置？

答： 湿法脱硫工程性能试验测点布置在脱硫系统 FGD 进口（挡板门前）、增压风机进出口烟道、原烟气 GGH 进出口烟道（如有）、吸收塔入口、吸收塔出口、临时烟囱（如有）、净烟气 GGH 进出口烟道（如有）、烟囱入口烟道。

试验测点的数量根据机组大小和现场情况而定，能正确反映脱硫装置烟气、污染物等参数，试验测点的确定执行 GB/T 16157

的规定。不同脱硫工艺系统的测点位置示意图如图4-2~图4-4所示。

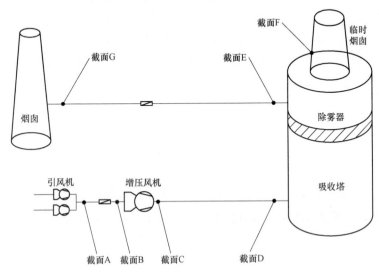

图4-2 脱硫装置测点位置示意图（单塔工艺，无GGH）

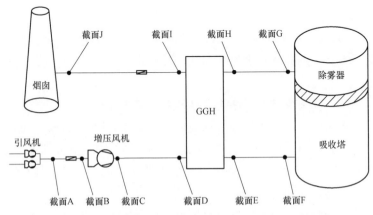

图4-3 脱硫装置测点位置示意图（单塔工艺，有GGH）

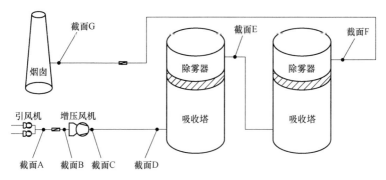

图 4-4 脱硫装置测点位置示意图（双塔工艺）

95. 湿法脱硫系统运行优化工作包括哪些内容？

答： 湿法脱硫系统运行优化工作主要包括浆液循环泵组合优化、浆液 pH 值优化、吸收塔液位优化、浆液密度优化、引风机增压风机串联运行优化、氧化风机运行优化和脱硫水平衡优化等内容。

（1）浆液循环泵组合优化。以某 600MW 机组为例，设计入口 SO_2 浓度为 2300mg/m³，在不同机组负荷（选取 300、400、500、600MW 工况点）、不同入口 SO_2 浓度（选取小于 1000、1000～1400、1400～1800、1800mg/m³ 至设计值工况点）、固定 pH 值（5.5）工况下，通过调整循环泵组合方式，评估不同组合方式对脱硫效率和运行成本的影响，得出各工况对应的最佳循环泵组合方式。

（2）吸收塔浆液 pH 优化。在相同机组负荷、相同入口 SO_2 浓度的工况下根据浆液循环泵组合优化试验后的结果，通过调整浆液的 pH 值，评估不同 pH 值条件对脱硫效率和运行成本的影响，得出该条件下最佳的 pH 运行值。

（3）吸收塔液位优化。在相同机组负荷、入口 SO_2 浓度、固定浆液循环泵运行方式和 pH 值工况下，通过调整吸收塔的液位，评估不同液位条件对脱硫效率和运行成本的影响，得出该条件下最佳的吸收塔液位运行值。

（4）吸收塔浆液密度优化。在相同机组负荷、入口 SO_2 浓度、固定浆液循环泵运行方式、pH 值和液位高度工况下，通过调整浆液密度值，评估不同密度值条件对脱硫效率和运行成本的影响，得出该条件下最佳的浆液密度运行值。

（5）引风机、增压风机串联运行优化。在不同机组负荷工况下，通过调整引风机、增压风机叶片或挡板门开度组合，评估其对脱硫能耗的影响，寻找各工况对应的最佳组合开度。

（6）氧化风机运行优化。在不同机组负荷、入口 SO_2 浓度工况下，通过改变氧化风机运行数量，评估氧化风机对脱硫系统能耗的影响。

（7）水平衡优化。通过测试脱硫系统水平衡，分析脱硫系的水耗分布规律，提出节水改进措施。

96. 双塔双循环脱硫工艺如何提高运行经济性？

答：双塔双循环脱硫工艺由于具有两套吸收系统，在两级吸收塔内 SO_2 吸收反应存在两个不同化学平衡，因此在运行中调节余度很大。对于不同负荷、不同入口 SO_2 浓度工况，可以通过运行调整提高脱硫系统经济性，从而降低能耗、物耗，实现高副产物收益。

（1）一、二级塔循环泵组合运行优化。在不同负荷、不同入口 SO_2 浓度工况下，通过调整一、二级塔循环泵的组合投运方式对一、二级塔脱硫效率进行优化分配，在满足环保达标要求的前提下尽可能投运低扬程循环泵，并测试在不同组合方式下的循环泵总电耗、烟风系统阻力（并将烟风系统阻力折算成风机电耗），计算出在不同工况下最低能耗的一、二级塔循环泵组合方式。

（2）一、二级塔运行 pH 值组合优化。按照"一级塔侧重氧化、二级塔侧重吸收"的分级运行理念，对一、二级塔运行 pH 值开展组合试验工作，并记录石灰石耗量、分析石膏品质，得出实现较低石灰石耗量和较高石膏品质下的两级塔运行 pH 值组合方式。

（3）氧化风机运行优化。设计时可以考虑二级塔不单设氧化风机，仅设置氧化空气分配管，氧化空气从一级塔氧化风机引接，中间设置调节阀门，日常运行时减少或者不投二级塔氧化风系统，氧化风尽量完全供应给一级塔。如二级塔必须承担部分氧化作用时，根据一、二级塔脱硫实际出力情况，调整阀门控制两级塔氧化风量分配。

（4）水平衡的优化。在实际运行时，应尽量利用滤液水制浆，减少或不用工艺水制浆；合理调整一、二级塔除雾器冲洗频率；加强转动设备冷却水的循环利用，可以考虑主要转动机械冷却水远程控制，关闭备用转动机械冷却水。针对一级塔液位下降较快、二级塔液位上升过快的问题，考虑在一、二级塔之间设置旋流站，二级塔石膏排出泵将浆液排到旋流站，密度较小的溢流水自流进入一级塔，底流返回二级塔。

97. 循环流化床锅炉脱硫系统运行优化工作如何开展？

答：以炉内干法脱硫与炉外石灰石–石膏湿法联合脱硫工艺为例，循环流床机组脱硫运行成本（Y）由炉内喷钙运行成本（Y_n）和炉外湿法脱硫运行成本（Y_w）组成。从各段工艺的运行成本角度分析，炉内运行成本（Y_n）主要由石灰石成本（A_n）和附属设备用电成本（D_n）两部分组成；而炉外运行成本（Y_w）主要由石灰石成本（A_w）、系统用电成本（D_w）、系统用水（S_w）成本三部分组成，同时石膏副产物具有一定的收益（L_w），可以抵消部分运行成本。因此循环流化床机组脱硫运行成本计算模型可用以下公式表示：

$$Y = Y_n + Y_w$$
$$Y_n = A_n + D_n$$
$$Y_w = A_w + D_w + S_w - L_w$$

同时，炉外湿法脱硫系统用电成本（D_w）主要由系统阻力引起的风机用电成本（F_w）、浆液循环泵用电成本（P_w）、氧化风机用电成本（O_w）和低压脱硫变用电成本（E_w）等组成，即：

$$D_w = F_w + P_w + O_w + E_w$$

从循环流化床机组两段式脱硫运行调整角度，若加大炉内部分脱硫出力，则炉内部分运行成本增加，主要体现在炉内石灰石成本（A_n）大大提高，从而可以将炉外脱硫装置入口 SO_2 浓度降低，降低炉外部分脱硫出力，以减少循环泵投运台数，从而大大降低系统阻力；同时炉外石灰石消耗量也大大降低，相应的炉外石灰石成本（A_w）、炉外系统用电成本（D_w）均降低。

因此，循环流化床锅炉脱硫系统运行优化工作主要基于现场运行调整试验、试验室分析和理论计算等手段。在不同负荷、不同硫分条件下，开展"炉内＋炉外"两段式脱硫优化运行工作，计算在不同运行条件下，炉内脱硫和炉外脱硫的各项物耗和能耗指标，分析运行经济性与入口硫分、石灰石成本、炉内炉外脱硫分配等的影响关系，得出最优化经济运行方式和运行参数。主要工作包括：

（1）现场试验。改变炉内石灰石添加量、炉外脱硫设备运行方式，开展炉内炉外脱硫出力分配调整工作，开展炉内炉外脱硫效率、污染物排放浓度、炉外脱硫系统烟风系统阻力、电耗、水耗等测试工作。

（2）试验室分析和理论计算。石膏组分分析；炉内脱硫系统能耗、物耗计算（石灰石耗量、附属设备用电成本）；炉外脱硫系统能耗、物耗计算（石灰石耗量、水耗、电耗、石膏收益）。

98. 脱硫添加剂提效试验如何开展？

答：脱硫添加剂提效试验的主要目的是通过对比脱硫添加剂使用前后脱硫效率、系统电耗、浆液及石膏品质的变化，从而检验脱硫添加剂的应用效果，寻找脱硫添加剂的最佳使用比例，实现脱硫装置的节能经济运行。

以某 600MW 机组为例，脱硫装置配置五台循环泵，试验工况安排见表 4－1。

表 4－1 脱硫添加剂试验工况安排

工况	机组负荷（MW）	添加剂浓度（μg/g）	运行泵
工况 1	501	0	A＋B＋C＋D＋E
工况 2	498	0	A＋B＋C＋D
工况 3	500	150	A＋B＋C＋D＋E
工况 4	502	150	A＋B＋C＋D
工况 5	490	250	A＋B＋C＋D
工况 6	498	250	A＋C＋D
工况 7	494	400	A＋B＋C＋D＋E
工况 8	498	550	A＋B＋C＋D＋E
工况 9	495	550	A＋B＋C＋D
工况 10	507	500	A＋B＋C＋D＋E

不同工况下使用脱硫添加剂前后脱硫装置脱硫效率情况见表 4－2。

表 4－2 不同脱硫添加剂使用工况下脱硫装置效率情况

工况序号		工况 1	工况 2	工况 3	工况 4	工况 5
原烟气 SO_2 浓度	mg/m³	11500	10600	10892	12304	9645
净烟气 SO_2 浓度	mg/m³	368	510	298	630	384
脱硫效率	%	96.8	95.2	97.3	94.9	96.0

续表

工况序号		工况 6	工况 7	工况 8	工况 9	工况 10
原烟气 SO_2 浓度	mg/m³	9600	11426	10211	10178	10214
净烟气 SO_2 浓度	mg/m³	525	325	176	212	201
脱硫效率	%	94.5	97.2	98.3	97.9	98.0

工况 1 及工况 2 为未加添加剂的空白对比试验。试验期间，1 号脱硫装置 5 台浆液循环泵正常运行时，脱硫效率为 96.8%，停 E 泵后，脱硫效率降低为 95.2%；加入不同浓度的脱硫添加剂后，脱硫效率有明显的提升。当脱硫添加剂浓度达到 550μg/g 时，脱硫效率最高，达到 98.3%，停 E 泵后，脱硫效率仍可达到 97.9%，此时可停 1 台浆液循环泵运行。

脱硫系统中浆液循环泵电耗所占比重较大，本次试验主要通过停运 1～2 台浆液循环泵来达到节能降耗的效果。由表 4-3 可以看出，工况 6 开 3 台浆液循环泵时，电耗最小，但此时脱硫效率较低，达不到环保要求；工况 9 停运一台浆液循环泵，仍能保证脱硫效率，并且此时脱硫电耗相对较低。综合考虑电耗及脱硫效率，在工况 9 条件下运行最合适。使用脱硫添加剂前后脱硫装置循环泵电流参数见表 4-3。

表 4-3　不同脱硫添加剂使用工况下循环泵电流参数情况

工况	A 泵	B 泵	C 泵	D 泵	E 泵	脱硫效率
单位	A	A	A	A	A	%
工况 1	112	102	90	82	108	96.8
工况 2	113	104	91	81	—	95.2
工况 3	113	103	90	82	74	97.3
工况 4	113	104	91	83	—	94.9
工况 5	112	102	88	81		96.0

续表

工况	A 泵	B 泵	C 泵	D 泵	E 泵	脱硫效率
工况 6	114	103	95	—	—	94.5
工况 7	113	103	91	82	74	97.2
工况 8	111	102	91	83	74	98.3
工况 9	112	100	89	83	—	97.9
工况 10	108	100	89	80	71	98.0

以 1 台 600MW 机组为例，使用脱硫添加剂后其系统电耗可下降约 1012.5kWh/h，若运行时间按每年 5500h 计算，可节电 5568750kWh/h，则每年可节约电费 111.38 万元（按电价 0.20 元/度计）；同时，其 Ca/S 也有所下降，每小时可节约石灰石 0.72t，则每年可节约石灰石费用 118.59 万元（按每吨石灰石 188 元计），去除使用添加剂的费用 180 万元（按每年使用添加剂 50t，每吨添加剂 3.6 万元计），则每年可产生直接经济效益约 49.97 万元；若 2 台 600MW 机组均使用脱硫添加剂，则每年共可产生直接经济效益 99.94 万元。

99. 湿法脱硫工程后评估工作包括哪些内容？

答：湿法脱硫工程项目后评估是指项目单位在完成湿法脱硫项目竣工验收合格并投入生产、运行考核满一年后，对项目在技术、经济、环境、社会各项指标上产生的效果及其影响，与项目立项时的目标值进行对比分析所得出的综合评价。一般要求最晚 168h 后一年半内完成后评估工作。

湿法脱硫工程后评估一般要求采取"一机一评"的工作模式，从管理指标、技术指标和技经指标三方面着手开展环保技改后评估工作。

（1）管理指标专业评估工作。其主要包括从工程项目的规范化管理、招投标过程的合法性，以及运行维护的缺陷故障率、设备的可靠性方面进行分析，同时包含日常环保技术监督管理体系的建立健全。

（2）技术指标专业评估。其主要从系统工艺、运行方式、设备配置、安全设施，以及系统完善性、稳定性、可操作性开展评估，并结合性能评估试验和现场踏勘情况，从环保性能指标、资源能源消耗指标、技术经济性能指标、设备状况指标 4 个方面开展技术指标评估工作。即根据 SO_2 排放浓度、脱硫效率、系统阻力、固体颗粒物排放浓度和脱除效率、SO_3 脱除效率等环保性能指标进行环保性能评估；根据消耗量（电耗、水耗、石灰石耗量）、单位污染物脱除综合能耗等指标进行资源能源消耗评估；根据装备可用率、负荷适应性、单位污染物脱除成本、工程投资等指标进行技术经济性能评估；现场察看设备运行状况，查阅相关资料，进行设备状况评估。

（3）技经指标专业评估。其工作主要从劳动生产率和经济收益及项目专项资金管理等角度进行分析，核算预决算的合理性。

100. 湿法脱硫化学监督工作包括哪些内容？

答：湿法脱硫装置运行过程中，开展化学监督工作可以对仪表的准确性、脱硫介质品质（工艺水、石灰石、浆液、石膏、脱硫废水）等动态准确把握，从而及时发现和消除设备隐患，确保脱硫系统安全经济稳定运行。

湿法脱硫化学监督主要包括在线仪表校验、日常化学分析、定期试验等三部分。

（1）在线仪表校验。包括浆液系统和 CEMS 系统的仪表校验。浆液系统仪表校验包括 pH 计、密度计等，日常运行时应定期通过人工分析比对方式，对 pH 计和密度计显示的准确性进行验证，并根据比对结果及时消缺，确保读数的准确性；CEMS 系

统的仪表校验包括 SO_2、O_2、NO_x 分析仪的定期校验。

（2）日常化学分析。日常化学分析包括石灰石、浆液、石膏、工艺水、脱硫废水的化学分析。

石灰石颗粒原料的分析指标包括纯度（CaO 含量）、活性、MgO、Al_2O_3、SiO_2 等，必要时还需检测可磨性指数；外购石灰石粉时，还需要分析石灰石粉的细度。

石灰石浆液的分析指标包括密度、pH 值、Cl^-、$CaSO_3 \cdot 1/2H_2O$、$CaSO_4 \cdot 2H_2O$ 含量、$CaCO_3$ 含量。

石膏的分析指标包括含水量、$CaSO_3 \cdot 1/2H_2O$、$CaSO_4 \cdot 2H_2O$、$CaCO_3$、Cl^-、F^-、酸不溶物等。

工艺水的分析指标包括悬浮固形物、溶解固形物、pH 值、Cl^- 等。

脱硫废水的分析指标包括化学需氧量、pH 值、重金属、固体悬浮物含量等。

（3）定期试验。脱硫装置在检修前后应开展性能试验，对检修效果进行鉴定，性能试验主要内容包括脱硫效率、系统阻力和固体颗粒物脱除效率等。

参 考 文 献

[1] 周至祥，段建中，薛建明. 火电厂湿法烟气脱硫技术手册 [M]. 北京：中国电力出版社，2006.

[2] 薛建明. 湿法烟气脱硫设计及设备选型手册 [M]. 北京：中国电力出版社，2011.

[3] 卢啸风，饶思泽，等. 石灰石湿法烟气脱硫系统设备运行与事故处理 [M]. 北京：中国电力出版社，2009.

[4] 蒋文举. 烟气脱硫脱硝技术手册 [M]. 北京：化学工业出版社，2012.

[5] 全国环保产品标准化技术委员会环境保护机械分技术委员会，武汉凯迪电力环保有限公司. 燃煤烟气湿法脱硫设备 [M]. 北京：中国电力出版社，2011.

[6] 四川电力建设二公司组编. 火力发电厂脱硫脱硝施工安装与运行技术 [M]. 北京：中国电力出版社，2010.

[7] 华电电力科学研究院有限公司. 火电厂环保设备运行维护与升级改造关键技术 [M]. 北京：中国电力出版社，2018.

[8] 张忠，武文江. 火电厂脱硫与脱硝实用技术手册 [M]. 北京：中国水利出版社，2014.

[9] 吕丽娜. 基于石灰石石膏湿法烟气脱硫技术的添加剂研究 [D]. 广东：华东理工大学，2016.

[10] 刘福国，郑秀华，房中海，李小伟. 炉内喷钙脱硫对锅炉性能影响的试验研究 [J]. 山东电力技术，2009（3）：3－5.

[11] 王正华，周昊，池作和，蒋啸，岑可法. 炉内喷钙脱硫对锅炉运行的影响 [J]. 锅炉技术，2003（1）：76－80.

[12] 李兵，王宏亮，许月阳，薛建明，管一明. 燃煤电厂湿法脱硫设施对烟气中微量元素的减排特性 [J]. 煤炭学报，2015（10）：2479－2483.

[13] 乔宏伟，黄盛珠. 半干法循环流化床烟气脱硫效率影响因素分析
[J]. 锅炉制造，2007（4）：37-41.

[14] 戴军，谢玉荣，郝建刚，陈剑，秦鹏. 循环流化床锅炉脱硫技术[J]. 发
电与空调，2013（6）：1-5.

[15] 吕志超，徐勤云，方芸. 高效脱硫技术综述［J］. 资源节约与环保，
2015（8）：11，15.

[16] 孟令媛，朱法华，张文杰，王东歌，张曦丹. 基于SPC-3D技术的
烟气超低排放工程性能评估［J］. 电力科技与环保，2016，32（01）：
13-16.

[17] 何永胜，高继贤，陈泽民，柯红阳，任世中，阎冬. 单塔双区湿法高
效脱硫技术应用［J］. 环境影响评价，2015，5（37）：52-56.

[18] 刘定平，陆培宇. 旋流雾化技术在464000m³/h烟气湿法脱硫中的应
用［J］. 中国电力，2015，8（48）：130-134.

[19] 魏宏鸽，徐明华，柴磊，朱跃. 双塔双循环脱硫系统的运行现状分析
与优化措施探讨［J］. 中国电力，2016，10（49）：132-135.

[20] 李庆，孟庆庆，郭玥. 基于国家新颁布污染物排放标准的烟气脱硫改
造技术路线［J］. 华北电力技术，2013（2）：28-31.

[21] 郭俊，杨丁，叶凯，何永胜. 湿法脱硫协同除尘机理及超低排放技术
路线选择［J］. 电力科技与环保，2017，33（02）：9-14.

[22] 朱杰，许月明，姜岸等. 超低排放下不同湿法脱硫协同控制颗粒物性
能测试于研究［J］. 中国电力，2017，50（01）：168-172.

[23] 陈世玉，李学栋. 湿法脱硫系统水量平衡及节水方案［J］. 中国电力，
2014，47（01）：151-154.

[24] 梁磊，马洪玉，丁华，等. 石灰-石膏法烟气脱硫系统塔内浆液pH
值及密度测量改进［J］. 中国电力，2012，45（09）：80-84.